KSSC-22-04

ANSI Z49.1:2021
An American National Standard

용접, 절단 및 연관 공정에서의 안전

Safety in Welding, Cutting, and Allied Processes

American Welding Society®

Approved American National Standard
ANSI

사단법인 한국강구조학회
KOREAN SOCIETY OF STEEL CONSTRUCTION

번역집필 / 검토위원		
번역집필	책임자	**최선규** 선영구조기술사 건축사 사무소 대표
	간 사	**최인락** 호서대학교 교수
	위 원	**이철호** 서울대학교 교수 최준식 (주) 단이엔씨 대표
검토위원	위 원	**경갑수** 한국해양대학교 교수 고창우 (사)한국건축구조기술사회 회장 김희선 대한전문건설협회 강구조물공사업협의회 회장 신경재 경북대학교 교수 최동호 (사)한국강구조학회 회장

『*용접, 절단 및 연관 공정에서의 안전*』은 사단법인 한국강구조학회가 미국용접학회(AWS)와 협약에 의해 『ANSI Z49.1:2021 *Safety in Welding, Cutting, and Allied Processes*』를 번역하여 한정된 부수로 출판한 것입니다.

역자 서문

(사)한국강구조학회는 American Welding Society(AWS, 미국용접학회)에서 발간한 미국의 국가 표준인 『ANSI Z49.1:2021 *Safety in Welding, Cutting, and Allied Processes*』를 『*용접, 절단 및 연관 공정에서의 안전*』이라는 제목으로 AWS와 협약하여 번역하고 한정된 부수로 출판하게 되었습니다.

강구조물의 건설에서 용접은 필수요소이며, 사전 예방조치가 없거나 부주의한 용접작업에서는 보건안전상의 문제 또는 화재를 포함한 안전사고가 발생할 수 있습니다. 국가 기간산업인 플랜트를 포함한 각종 산업시설의 건설 및 유지보수 작업에서도 용접 관련 안전사고로 인한 인명 손상과 환경훼손은 물론 경제적 손실이 발생될 수 있습니다. 안전사고를 방지해야만 강구조의 품질과 경쟁력을 향상시킬 수 있습니다. 근래 건설현장에서 안전사고 방지에 대한 사회적 요구가 더욱 증대되어 안전사고에 대한 법적조치가 강화되었으나 이것만으로는 안전이 확보될 수 없습니다. 용접작업의 안전을 확보하기 위해서는 기준의 정비 및 다양한 참고자료와 교육정보 등이 절실하게 필요합니다.

이 표준에는 용접, 절단 및 연관 공정에서의 일반적인 보건안전상의 유의사항과 화재 및 폭발 사고를 방지하여 인명과 재산을 보호하기 위한 요구사항 등이 포함되어 있습니다. 이 표준은 「제Ⅰ부 일반적 측면」과 「제Ⅱ부 특정 공정에서의 안전」으로 나누어, 왼쪽 단에는 표준의 요구사항이 오른쪽 단에는 해설이 제공되며, 국제적으로 널리 알려져 자주 인용되고 있는 자료입니다.

강구조물의 품질향상과 제작설치 과정에서 안전을 확보하고 경쟁력 제고를 위하여 (사)한국강구조학회에서는 지속적으로 노력하고 있으며, 강구조 관련 각종 기술서적을 발간하고 있습니다. 용접과 관련된 자료로는 2021년에 American Institute of Steel Construction(AISC, 미국강구조학회)의 『Design Guide 21, *Welded Connections–A Primer For Engineers*』를 『*엔지니어를 위한 용접부 설계지침*』이라는 제목으로, American Welding Society(AWS, 미국용접학회)의 『AWS B1.11M/B1.11:2015, *Guide for the Visual Examination of Welds*』를 『*용접부 육안검사 지침*』이라는 제목으로 해당 학회와 협약하여 번역 출판하였습니다. (사)한국강구조학회에서는 실무자에게 다양한 정보를 제공하여 강구조 건설 산업의 활성화를 도모하고 있으며, 이러한 연구 성과물들이 건설현장에서 많은 도움이 되기를 기대합니다.

이 책의 출판은 격려와 함께 연구계획을 승인해 주신 (사)한국강구조학회의 전임 신경재 회장님과 어려운 여건에도 지원을 계속해주신 최동호 회장님 그리고 사무국의 실무자분들께서 힘써주신 덕분이며 이에 감사의 말씀을 드립니다. 아울러 정성을 다해서 살펴봐 주시고 자문해 주신 검토위원님들께 연구자 모두는 깊은 감사를 드립니다.

2022. 5. 12.

번역 집필진을 대표하여 최선규

ANSI Z49.1:2021

KSSC-22-03

ANSI Z49.1:2021
미국 국가표준

미국 국립표준협회에 의해 승인된 국가표준
2021년 7월 2일

용접, 절단 및 연관 공정에서의 안전

개정 ANSI Z49.1:2012

공인 표준위원회 Z49 **작성**
용접 및 절단의 안전

미국용접학회 사무국

요약

이 표준은 용접 환경에서 안전과 보건의 모든 측면을 다루며, 특히 저항용접 및 고에너지 빔 용접, 연납땜 및 경납땜에 대한 일부 내용과 함께 산소 가스 및 아크용접 공정을 중점적으로 다루고 있다. 여기에는 개인 및 일반구역 보호, 환기, 화재 예방 및 보호, 밀폐공간에 대한 정보가 포함되어 있다. 상당량의 내용이 예방 정보, 다양한 사례들, 그리고 광범위한 참고문헌을 제공하는데 중점을 두고 있다.

American Welding Society®

ISBN Print: 978-1-64322-208-0
ISBN PDF: 978-1-64322-209-7

미국용접학회(AWS) 표준의 사용에 관한 안내

미국 국가표준으로 승인받기 위해서는 ANSI의 검토를 거쳐 적법 절차, 합의 및 기타 승인 기준에 대한 요구 사항이 표준 개발자에 의해 충족되었는지 확인하여야 한다.

ANSI Board of Standards Review의 판단에 따라 직접적이고 실질적으로 영향을 받는 이해 관계자들이 상당한 의견일치에 도달했을 때 합의를 이루게 된다. 상당한 의견일치는 단순한 다수 이상을 의미하지만 반드시 만장일치를 의미하지는 않는다. 합의는 모든 견해와 반대를 고려하고 해결을 위해 공동 노력을 기울일 것을 요구한다.

미국 국가표준의 사용은 전적으로 자발적이다. 미국 표준에 부합하지 않는 제품, 프로세스 또는 절차를 사용하거나 제조, 마케팅, 구매하는 것을 배제하지 않는다.

미국표준협회는 표준을 개발하지 않으며 어떠한 경우에도 미국표준에 대한 해석을 제공하지 않는다. 또한 어느 누구도 미국표준협회(American National Standards Institute)라는 이름으로 미국 표준에 대한 해석을 발행할 권리나 권한을 갖지 않는다. 해석에 대한 요청은 이 표준의 제목 페이지에 이름이 표시된 사무국 또는 후원자에게 전달되어야 한다.

주의 고지: 이 미국 국가표준은 언제든지 수정되거나 철회될 수 있다. 미국표준협회의 절차에 따라 이 표준을 재확인, 수정 또는 철회하기 위해서는 주기적으로 조치를 취해야 한다. 미국 국가표준의 구매자는 미국표준협회에 전화하거나 서면으로 모든 표준에 대한 최신 정보를 제공 받을 수 있다.

참여진

(다음은 이 표준에 대한 최종 위원회 활동 당시의 위원회 명단이다.)

미국 국가 표준위원회 Z49

A. F. Manz, Chair
D. A. Werba, Vice Chair
S. P. Hedrick, Secretary

AMERICAN FOUNDRY SOCIETY	J. Garcshe
AMERICAN COLLEGE OF OCCUPATIONAL AND ENVIRONMENTAL MEDICINE	L. Lee
AMERICAN PUBLIC HEALTH ASSOCIATION	P. F. Dooley
AMERICAN SOCIETY OF SAFETY PROFESSIONALS	T. J. Martin
AMERICAN WELDING SOCIETY	D. A. Werba S. P. Hedrick (Alternate)
CANADIAN STANDARDS ASSOCIATION	J. J. Palach
CANADIAN WELDING BUREAU	C. Cadorin
COMPRESSED GAS ASSOCIATION	A. F. Manz
INTERNATIONAL ASSOCIATION OF BRIDGE, STRUCTURAL, ORNAMENTAL AND REIFORCING IRON WORKERS	E. Abbott
INTERNATIONAL THERMAL SPRAY ASSOCIATION	D. Hayden
INTERNATIONAL SAFETY EQUIPMENT ASSOCIATION, INCORPORATED	C. Fargo
MECHANICAL CONTRACTORS ASSOCIATION OF AMERICA, INCORPORATED	P. Chaney W. Sperko (Alternate)
NATIONAL ELECTRICAL MANUFACTURERS ASSOCIATION, INCORPORATED	S. Farah M. Madsen (Alternate)
NATIONAL FIRE PROTECTION ASSOCIATION	L. E. Moreno (nonvoting)
SHEET METAL WORKERS INTERNATIONAL	M. Van Avery
U.S. DEPARTMENT OF THE AIR FORCE	R. Baker R. Foster (Alternate)
U.S. DEPARTMENT OF THE ARMY	L. B. Keaton
U.S. DEPARTMENT OF THE NAVY	E. Berg
U.S. PUBLIC HEALTH SERVICE (NIOSH)	J. M. Antonini

머리말

이 머리말은 이 표준의 일부가 아니지만 정보 제공의 목적으로 포함되었다.

제2차 세계대전으로 인한 미국의 대규모 생산수요 증가로 인해 용접의 사용이 급격히 증가하였다. 1943년 중반, 용접을 수행하기 위한 안전 관행과 관련하여 어떤 유형의 코드 또는 표준의 필요성이 제기되었다. 이 표준은 미국표준협회(American Standards Association)의 후원하에 1944년에 초안이 작성되어 출판되었다. 이 표준은 미국 전쟁 표준 Z49.1, 전기 및 가스 용접의 안전, 절단 작업이라는 제목으로 지정되었다.

전쟁 후, 이 표준은 1950년에 처음 개정되었다. 이후 개정은 1958년, 1967년, 1973년, 1983년에 이루어졌다. 각 개정판에서는 기술 및 용접 관행의 변화에 따라 표준을 개정하였다. 1973년까지의 개정판에서는 대부분 발전적으로 기존의 전쟁 표준의 형식을 유지하며 기술되었다.

이 표준이 제정된 후 40년 동안 발생한 용접의 광대한 변화를 적절하게 고려하고 발전적인 개정과정에서 누적된 부정확한 표현을 명확히 하기 위해 대대적인 재개정이 1983년에 이루어졌다. 표준의 범위는 용접사가 수행하고 용접감독 및 관리자에 의해 규제되는 안전규칙을 보다 자세히 다루기 위해 재정비되었다. 이전 판에 기술하였지만 용접사가 거의 제어할 수 없는 건물 시공 및 배관 설치에 관한 조항은 삭제되었다. 1988년, 1994년, 1999년, 2005년, 2012년 및 2021년 개정판은 이와 동일한 철학을 따르고 있다. 개정된 사항은 텍스트 옆 여백의 세로선으로 표시된다.

이 표준이 개정되는 동안 미국표준협회(American Standards Association)는 미국 국가 표준협회(American National Standards Institute)로 변경되었고 전시 표준(War Standard) ASA Z49.1-1944는 이제 ANSI Z49.1: 2021이 되었다.

이 표준의 개선을 위한 의견과 제안을 환영하며, 개선 의견과 제안은 Z49 Committee, American Welding Society, 8669 NW 36 St, # 130, Miami, FL 33166으로 보내야 한다.

목차

페이지 번호

제 I 부 일반사항 1

1. 목적 및 범위 1

1.1 목적 1

1.2 범위 및 적용성 2

1.3 예외 2

1.4 동등성(Equivalency) 3

2. 용어의 정의 3

2.1 승인 3

2.2 밀폐공간 3

2.3 실린더 저장소 4

2.4 생명이나 건강에 즉각적인 위험(IDLH) 4

2.5 관리자 4

2.6 유자격자 4

2.7 강제조항(Shall) 4

2.8 비강제조항(Should) 4

2.9 감독자 5

2.10 자외선 5

2.11 단위 5

2.12 용접사 5

3. 일반규정, 관리 및 감독 5

3.1 준비 및 설치 5

3.2 책임 5

4. 작업자 및 작업영역의 보호 9

4.1 작업영역의 보호 ······ 9

4.2 눈과 얼굴(안면) 보호 ······ 10

4.3 보호복 ······ 14

4.4 소음 제어 ······ 16

4.5 호흡 보호장비 ······ 16

4.6 교육 ······ 17

5. 환기 17

5.1 일반사항 ······ 17

5.2 호흡구역의 샘플링 ······ 19

5.3 흄(용접매연) 피하기 ······ 19

5.4 환기의 종류 ······ 19

5.5 환기 관련 특별 고려사항 ······ 21

6. 화재예방 및 보호 23

6.1 가연성물질을 포함하는 영역 ······ 23

6.2 소방 ······ 25

6.3 고온작업 인가(허가) ······ 27

6.4 용접 또는 절단을 위한 컨테이너 ······ 27

7. 밀폐공간 28

7.1 밀폐공간 내의 환기 ······ 28

7.2 서비스 장비의 위치 ······ 29

7.3 인접 영역 ······ 31

7.4 비상 신호 ······ 31

7.5 생명이나 건강에 급박한 위험(IDLH)이 있는 영역 내의 근무자 ······ 31

7.6 연납땜(브레이징) 가열로 ······ 31

8. 공공전시 및 시범행사 32

8.1 적용범위 32

8.2 감독 32

8.3 전시장 32

8.4 소방 33

8.5 일반관람자의 보호 33

8.6 가스 실린더 33

8.7 공정용 호스, 케이블 및 도관들 35

9. 예방조치를 위한 정보 36

9.1 일반사항 36

9.2 아크용접과 관련공정 및 장비에 대한 예방정보 36

9.3 산소연료가스 공정 및 장비를 위한 예방조치 정보 37

9.4 유해물질 정보 37

9.5 카드뮴을 함유하는 연납땜(브레이징) 용가재 금속 37

9.6 불소를 함유하는 연납땜(브레이징) 및 가스용접 플럭스들 37

9.7 안전보건자료양식(SDSs) 37

9.8 그림(그래픽) 기호들 37

9.9 위험 통지 37

제 II 부 특정 공정에서의 안전

10. 산소연료가스 용접 및 절단의 안전 40

10.1 범위 40

10.2 용어 40

10.3 산소 및 가연물 40

10.4 가스 혼합을 위한 부착물 41

10.5 토치 41

10.6 호스 및 호스 연결 42

10.7 감압 조정기 ········· 44

10.8 압축가스 및 산소연료가스용 실린더(컨테이너) ········· 45

10.9 실린더 다기관(Manifolding) ········· 53

11. 아크 용접 및 절단 장비의 안전 54

11.1 일반사항 ········· 54

11.2 아크용접 장비 선택의 안전성 측면 ········· 54

11.3 아크용접 장비의 설치 ········· 57

11.4 작동 ········· 60

11.5 유지관리 ········· 64

12. 저항용접에서의 안전 66

12.1 일반사항 ········· 66

12.2 설치 ········· 66

12.3 방호 ········· 66

12.4 전기 ········· 68

12.5 정적 안전장치 ········· 72

12.6 환기 ········· 73

12.7 유지관리 ········· 73

13. 전자빔 용접 및 전자빔 절단 공정(EBW 및 EBC) 73

13.1 일반사항 ········· 73

13.2 잠재적 위험 ········· 73

14. 레이저빔 절단 및 용접 75

14.1 일반사항 ········· 75

15. 연납땜 및 경납땜의 안전 75

15.1 일반사항 ········· 75

15.2 잠재적인 위험 ········· 75

부록 A (정보 제공용)–미국용접학회 안전보건 표준목록 79
부록 B (정보 제공용)–기타 자료 목록 81
부록 C (정보 제공용)–발행처 목록 83
부록 D (정보 제공용)–용접 및 접합 공정의 마스터차트 및 연관 공정의 마스터차트 85
부록 E (정보 제공용)–ASC Z49 유권해석 요청 87
부록 F (정보 제공용) – 예방정보의 간략한 역사 89

표 목차

표 **페이지 번호**

표 1 음영번호 권장값 13

그림 목차

그림 **페이지 번호**

1. 아크용접 공정 및 장비에 대한 예방 정보 38
2. 산소연료가스 공정들 및 장비에 대한 예방 정보 38
3. 카드뮴을 함유한 연납땜(브레이징) 용가재(필러 금속) 예방 정보 39
4. 불소를 함유하는 경납땜 및 가스용접용 플럭스에 대한 예방정보 39

용접, 절단 및 연관 공정에서의 안전

(미국 국가표준 Z49.1: 2021에서는 특정 요구사항 및 지원 정보를 모두 제공하기 위해 2열 형식을 사용한다. 왼쪽 열에는 "표준 요구사항"이 그리고 오른쪽 열에는 "해설 (설명)"이 제공된다. 해설의 단락번호는 문자 "E"로 시작한다.)

표준 요구사항

해설 (설명)

제I부 일반사항

1. 목적 및 범위

1.1 목적. 이 표준은 용접, 절단 및 연관 공정들로부터 발생하는 화재와 폭발에 의해서 발생하는 부상 및 질병으로부터 인명을 보호하고, 재산(장비 포함)의 손상을 방지하기 위한 것이다.

E1.1 1983년의 개정 이후로, ANSI 표준 Z49.1의 범위는 용접사 또는 용접공장 관리자의 수행통제 하에 있는 용접, 절단 및 연관 공정들을 수행하는데 있어서의 안전관행을 확보하는 것에 다시 중점을 두고 있다. 이 표준은 이러한 작업을 안전하게 수행하는 데에 실질적으로 도움이 되는 정보를 용접사 및 공장 관리자에게 제공할 수 있도록 그들에게 적합한 방식으로 전달되도록 쓰여져 있다. 이들 정보에는 또한 용접에서 안전과 보건에 대한 책임이 있는 교육자, 산업위생 전문가, 엔지니어 및 이와 유사한 자에게 유용한 정보도 포함되어 있다. 이처럼 중점 범위가 재조정되면서 이전 판(버전)에 있던 일부 조항들은 삭제되었다. 이것들은 건물 설계 및 건설, 설비배관과 전기설비의 문제에 더 많이 관련되는 규정들이다. 이러한 규정들은 물론, 여전히 중요하고 필요하며 따라야 하지만, 일반적으로 용접 및 절단작업의 직접적인 통제 아래에 있는 것은 아니다.

1.2 범위 및 적용성. 이 표준은 안전장구의 설치, 용접 및 절단장비의 사용 그리고 용접 및 절단작업의 안전 수행을 위한 교육자, 운영자, 관리자 및 감독자의 지침으로 사용하여야 한다.

E1.2 이 표준에는 산소연료가스용접 및 아크용접과 절단, 저항용접, 전자빔용접, 레이저절단 및 용접, 연납땜(브레이징) 및 경납땜(솔더링)과 관련된 구체적 규정들이 포함되어 있지만, 이들의 요구사항들은 부록 D에 포함되어 있는 미국용접학회(AWS)의 용접 및 관련 공정 마스터챠트에 표시된 서브머지드아크용접 및 연관 공정들과 다른 용접공정들에서도 일반적으로 적용될 수 있다.

1.3 예외. 이 표준은 다음의 사항들에 대해서는 적용하지 않는다.

(1) 장비의 설계 및 제작을 위한 지침
(2) 건물의 배관시스템
(3) 배관망 보호체계와 용접작업대 (스테이션) 콘센트 설비
(4) 벌크가스 공급체계
(5) 건물 전기설비의 설치

E1.3 이들 중 일부는 이전 판의 표준에 포함되어 있었다. 이 항목들이 두 개의 별도 기준에 별도의 의미로 포함되어 이 표준들 사이의 갈등이나 혼란으로 이어질 수 있는 것을 피하기 위해서 ANSI Z49.1에서 제외시켰다.

이들은 미국화재협회(NFPA)의 표준과 규준 내에 다음과 같이 포함되어 있다.

(1) 산소연료가스 배관체계(시스템), 배관망(파이프라인) 보호 장치, 스테이션(작업대) 접속장비 – *NFPA 51, 용접, 절단 및 관련공정들을 위한 산소–연료가스체계(시스템)의 설계 표준*

(2) 다중 가스 실린더의 저장 및 다기관(manifolding) – NFPA 51

(3) 아세틸렌 발생기 및 칼슘카바이드 저장 – NFPA 51

(4) 대량 산소체계 – NFPA 50, *소비자 사이트의 대량 산소 시스템에 대한 표준*

(5) 대량 LP–가스 및 MPS 체계 – NFPA 58, *액화석유가스의 저장 및 취급*

(6) 건축 전기설비 – NFPA 70, *미국 전기기준®*

(7) 산업기계 – NFPA 79, *산업기계용 전기표준*

1.4 동등성(Equivalency). 이 표준 내의 어떤 내용도 이 표준에 의해 규정된 그 이상의 체계나, 방법 또는 동등하거나 우수한 품질의 장치, 강도, 내화성, 효율성, 내구성 및 안전장치의 사용을 방지하기 위한 것은 아니다.

1.4.1 동등성을 입증하는 기술문서는 관할기관에 제출하여야 한다.

1.4.2 동등 또는 그 이상의 시스템, 방법 또는 장치는 관할기관에 의해서 의도된 목적에 대해서만 승인을 받아야 한다.

2. 용어의 정의

이 표준의 용어의 정의는『AWS A3.0M/A3.0, *표준 용접용어 및 정의*』에 따른다. 그러나 이 표준에서 사용되는 특정한 용도에 대해 정의하고자 다음의 용어의 정의를 추가하였다.

2.1 승인. 이 표준에서 사용되는 *승인된*이나 *승인*은 관할기관에서 수용할 수 있다는 뜻이다.

2.1.1. 관할기관. 이 용어는 장비, 설치, 또는 절차에 대한 "승인"을 책임지고 있는 조직, 사무실 또는 개인을 의미한다.

2.1.2 등재. 이 용어는 목록에 기재된 장비나 재료들의 생산에 대한 정기적인 점검을 하고 있는 국가 공인시험기관에서 발행한 목록에 포함되어 있다는 것을 의미한다.

2.2 밀폐공간. 탱크, 보일러, 압력용기 또는 작은 칸막이방과 같이 상대적으로 작거나 또는 제한된 공간을 말한다. 밀폐는

E2.2 추가의 정보는 『ANSI Z117.1, *밀폐된 공간에 대한 안전 요구사항*』 및 적용 가능한 OSHA 29 CFR 1910.145

구조특성 크기 또는 형상의 이유로 인해 환기가 열악한 것을 의미하며 사람의 피난이 제한되어 있다는 의미는 아니다.

2.3 실린더 저장소. 현장에 비축되어 있는(사용하지 않는 것들이나 또는 사용을 위해서 고정되지 않은) 압축가스 실린더들을 말한다.

2.3.1 사용 중인 실린더. 이 용어는 다음을 의미한다.

(1) 사용을 위해서 연결된 실린더;

(2) 사용할 위치에서, 연결을 위한 준비가 완료된 사용할 각각의 가스를 위한 단일 실린더; 또는

(3) 사용할 위치에서, 연결을 위한 준비가 완료된 1일 공급 실린더.

2.4 생명이나 건강에 즉각적인 위험(IDLH). IDLH(Immediately Dangerous to Life or Health)는 인명손실의 즉각적인 위협에 처해진 조건이다. 돌이킬 수 없거나 또는 즉시 심각한 보건상의 영향을 미치는 조건이거나, 또는 대피에 지장을 줄 수 있는 다른 조건이 발생할 수 있다.

2.5 관리자. 소유자, 계약자, 교육자 등 용접 작업을 담당하는 모든 사람.

2.6 유자격자. 훈련, 교육 및 경험에 의해 작업을 수행하기 위한 지식이 있는 사람 및 작업수행과 관련된 위험을 판단할 능력이 있는 사람.

2.7 강제조항(Shall). 하여야 한다(shall)는 강제조항을 나타내기 위해서 사용된다.

2.8 비강제조항(Should). 필수가 아닌 비강제조항을 나타내는데 사용된다.

일반산업, 29 CFR 1926.353 (b) 건설 및 29 CFR 1915 해양에 대한 서브파트 B를 참고한다.

2.9 감독자. 소유자, 계약자, 교육자 등 용접 작업을 감독하는 모든 사람.

2.10 자외선. 파장이 100nm에서 400nm 사이인 전자기 복사파. 이 표준에서 관심 대상이 되는 것은 200nm에서 400nm 사이의 파장이다.

2.11 단위. 이 표준에서 수치는 영미단위계 및 국제단위계(SI)로 표시된다.

2.12 용접사. 이 표준에 사용된 "용접사" 및 "용접작업자"는 전기 또는 산소연료 가스용접이나 절단장비, 또는 연관 공정의 작업자 모두를 지칭한다.

E2.12 이 용어에는 유사한 활동에 종사하는 교육자와 학생들도 포함된다.

3. 일반규정, 관리 및 감독

3.1 준비 및 설치

3.1.1 장비 및 상태 유지관리. 모든 용접장비 및 절단장비는 안전 작동상태를 보장하기 위해서 필요한 검사를 하여야 한다. 안전 운용에 의구심이 있는 경우 장비는 사용 전에 유자격자에 의해 수리되거나 또는 사용하지 않아야 한다.

3.1.2 작업 운용. 모든 장비는 이 표준에 부합되도록 제공되는 제조업체의 권장사항 및 지침에 따라 운용되어야 한다.

E3.1.2 대부분의 제조업체들은 작업 운영 및 유지보수 정보와 함께 안전정보를 제공한다. 작업자는 이를 숙지하고, 그 안전정보를 따라야 한다.

3.1.3 바퀴가 달린 무거운 휴대용 장비. 바퀴가 장착된 중량가동 장비는 작동하기 전에 실수로 인한 이동을 방지하기 위하여 정위치에 잘 고정되어야 한다.

E3.1.3. 추가적인 정보는 7.2.2를 참조한다.

3.2 책임. 작업자 및 관리자는 용접 및 절단 작업의 안전을 위한 상호간의 책임사항을 인지하여야 한다.

3.2.1 관리자

3.2.1.1 교육. 관리자는 용접사와 그의 감독자가 장비와 공정의 안전한 운용 그리고 비상 조치들에 대해 교육받도록 관리해야 한다.

E3.2.1 이 표준에서 관리자라 함은 용접작업에 대한 책임을 공유하는 소유자, 도급자 교육자 그리고 그 밖의 다른 모든 사람들을 포함한다.

3.2.1.2 위험 소통. 관리자는 위험 및 안전 주의사항들이 작업을 시작하기 전에 작업자들에게 통보되고 작업자들이 이해하였다는 것을 확인해야 한다.

E3.2.1.2 용접과 관련될 수 있는 위험사항들은 제조업체의 지침, 안전자료 및 제품 상표(라벨)을 통해 사용자에게 전달될 수 있다. 이 표준의 9항, 예방 정보를 참조한다. 특히 미국산업안전보건청(OSHA)의 『OSHA 29 CFR, Section 1910.1200, *위험 소통 표준*』을 참조한다.

3.2.1.3 지정 영역 및 책임. 관리자는 승인된 지역을 지정하고, 안전용접 및 절단에 대한 절차들을 수립하여야 한다. 이러한 공정들에 대해 특정해서 설계되거나 또는 승인되지 않은 지역 내에서의 용접 및 절단작업에 대해서는 대표 관리자의 권한에 의해 승인여부를 결정한다. 관리자는 각 개인이 관련된 위험들을 알고 있고 이 표준의 규정들을 숙지하도록 조치하여야 한다.

E3.2.1.3 자세한 정보는 6.3절을 참조한다.

3.2.1.4 승인 장비. 토치, 다기관(manifold), 조정기(regulator), 삼압밸브, 아세틸렌 발생기, 용접기, 전극봉 집게(홀더) 및 개인 보호장구 등과 같은 장비들은 관리자의 승인하에 사용한다.

3.2.1.5 도급업자.

(1) 관리자는 훈련을 받고 자격을 갖춘 용접인력을 제공하며, 관련된 위험을 잘 인지하고 있는 도급업자를 선택하여야 한다.

E3.2.1.5 이 표준의 의도는 용접사에 대한 책임은 도급업자측의 감독자와 관리자에게 있도록 도급계약을 하는 것이다.

(2) 관리자는 해당 작업현장의 특정 가연성 물질이나 또는 위험한 조건들에 대해 도급업자측 관리자에게 조언을 해야 한다.

3.2.2 감독자

E3.2.2 이 표준에서 감독자라 함은 용접작업을 감독할 책임이 있는 소유자, 도급업자, 교육자 그리고 기타의 모든 사람들을 포함한다.

3.2.2.1 장비 안전사용. 감독자는 용접장비의 안전한 취급 및 용접공정의 안전한 사용에 대한 책임이 있다.

3.2.2.2 화재 위험. 감독자는 작업 장소에 어떠한 인화성 및 가연성 물질들이 존재하거나 또는 존재할 가능성이 있는지를 판단해야 한다. 감독자는 다음의 행위들 중 하나 이상을 취하여 이러한 물질들이 발화에 노출되지 않도록 하여야 한다.

(1) 가연성 물질들이 없고 위험지역으로부터 멀리 떨어진 위치에서 작업을 수행한다.

(2) 작업물을 쉽게 이동할 수 없는 경우에는 가연물을 작업물로부터 안전거리로 이동시키거나 또는 발화에 대하여 적절하게 차폐한다.

(3) 용접 및 절단작업을 하는 동안에 이러한 물질들이 노출되지 않도록 용접 및 절단작업 일정(스케줄)을 계획한다.

E3.2.2.2 6장 「화재예방 및 소방」도 참조한다.

3.2.2.3 권한 부여. 고온작업 또는 밀폐된 공간에 진입을 개시하기 전에 지정된 관리 담당자로부터 용접 또는 절단작업에 대한 승인을 받아야 한다. 감독자

E3.2.2.3 6.3절 및 7.1절을 참조한다. 승인을 문서로서 받아야 할 특수 상황들이 있다. 예를 들어, 허가가 필요한 밀폐공간의 진입. 특히 미국산업안

는 용접사가 작업하기 전에 조건들이 안전하다는 승인을 받았는지를 감독하여야 한다.

3.2.2.4 보호장비 및 화재 보호. 감독자는 적절한 개인 보호장비 및 방화장비가 사용되고 있는지를 확인해야 한다. 감독자는 방화장비 및 화재 소화장비가 현장에 제자리에 비치되어 있는지, 그리고 화재 감시자가 지정되어 있고, 필요한 경우 고온작업 허가 절차들이 준수되고 있는지를 확인하여야 한다. 화재 감시자가 필요하지 않은 경우, 최종 검사는 감독자에 의해 이루어져야 한다.

3.2.3 용접사

3.2.3.1 장비의 안전 취급. 용접사는 수행하여야 하는 작업의 위험 및 위험한 상태들을 통제하는데 사용되는 절차들을 이해하여야 한다. 용접사는 장비를 안전하게 취급하고 생명과 재산을 위태롭게 하지 않도록 장비를 사용하여야 한다.

3.2.3.2 허가. 용접사는 용접 또는 절단을 시작하기 전에 관리자의 허가가 있어야 한다. 용접사는 허가받은 조건이 변경되지 않은 상태에서만 용접을 하거나 또는 절단을 계속하여야 한다.

3.2.3.3 안전 조건. 용접사는 모든 안전과 관련된 주의사항들이 충족되는 경우에만 절단 또는 용접을 하여야 한다.

3.2.3.4 고온 재료의 표시. 다른 사람들이 인지하지 못하고 용접 후 고온 재료와 접촉할 수 있는 경우에는 표지를 붙여두어야 한다.

전보건청(OSHA) 『OSHA 29 CFR, Section 1910.146, *허가가 필요한 밀폐공간 표준*』을 참조한다.

E3.2.2.4 6.2, 6.3 및 6.4절을 참조한다. 검사는 보통 있을 수 있는 연기가 발생하는 화재(잔불)를 감지하고 소화하기 위해 수행된다. 최종 검사시간을 연장해서 좀 더 면밀하게 검사해야 하는 상황이 있을 수 있음에 주의해야 한다.

E3.2.3.1 용접을 하거나 또는 용접을 하지 않을지에 대한 최종 선택은 용접사가 한다. 용접사는 작업을 진행하기 전에 위험을 이해할 필요가 있다.

E3.2.3.2 6.3절을 참조한다. 많은 시설물에서 관리자는 화재위험이 없는 절단 및 용접에 대하여 전면적으로 허가할 수 있다.

E3.2.3.3 전기충격(전격)의 위험이나 또는 환기가 불량한 곳 등과 같은 작업환경이 특히 위험한 곳에서는 혼자서 작업을 하지 않아야 한다.

4. 작업자 및 작업영역의 보호

4.1 작업영역의 보호

4.1.1 장비. 용접장비, 기계장비류, 전선(케이블) 및 기타 장비들은 작업자에게 위험하지 않도록 위치시켜야 한다. 양호한 정리정돈이 유지되어야 한다.

E4.1.1 예를 들면, 통로, 사다리 또는 계단 등의 장소는 걸림 없이 유지하여야 한다.

4.1.2 표지판. 표지판을 설치해서 용접영역임을 나타내고, 눈 보호 및 기타 적용 가능한 보호 장구들을 착용해야 함을 표지로 나타내야 한다.

E4.1.2 추가적인 위험 상황들이 존재하는 경우에는 추가적인 예방정보를 게시하여야 한다.

4.1.3 보호막. 용접영역에 인접한 곳에 있는 작업자 또는 다른 인원들은 불연성 또는 화염에 견디는 방지막이나 또는 차단막에 의해 용접 및 절단에 의한 복사에너지와 불꽃튐(스패터)으로부터 보호되어야 한다. 또는 눈과 얼굴보호 장구 및 보호 복장을 착용하여야 한다.

E4.1.3 복사선-방호기능이 있는 반투명 소재 차단벽의 사용이 허용된다. 차단막은 바닥 높이에서 뿐만 아니라 차단막 상부의 공기순환을 허용해야 한다. 발화 저항기준에 대한 자세한 내용은 『NFPA 701, *화염 전파 섬유 및 필름에 대한 화재시험의 표준 방법*』을 참조한다. 복사선 방호에 대한 추가적인 내용은 4.2.2를 참조한다. 아크 복사에너지의 강도는 전류, 전압 및 사용된 재료를 포함한 많은 요소들에 따라서 달라진다. 4.2.2를 참조한다.

4.1.4 반사율. 아크용접이 정기적으로 수행되는 경우에는 인접한 벽들과 그 외의 다른 표면들은 자외선에 대한 낮은 반사율을 가져야 한다.

E4.1.4 이산화티탄 또는 산화아연 등의 안료(도료)를 배합한 마감재들은 자외선에 대해 낮은 반사율을 갖는다. 반사율이 증가되지 않는다면 착색 안료(顏料)를 첨가할 수 있다. 과거에는 램프블랙(Lamp black)이 페인트 첨가제로서 추천되었다. 하지만 이것은 가시광선을 줄이며 양호한 조명 및 자외선 흡수에 대하여도 바람직하지않다.
분말 또는 박편(플레이크)으로 된 금속들을 기반으로 만들어진 안료들은 자외선에 대한 그들의 높은 반사율 때문에 사용하지 않는 것이 좋다.
용접 가림막(커튼)들은 반사율을 감소시키기 위한 또 다른 방법이다. 좀 더 자세한 지침은 미국용접학회의 『*도료(페인트)의 자외선 반사율*』을 참조한다.

4.1.5 용접 부스. 작업 여건이 허락되는 경우, 용접작업대(스테이션)는 4.1.3에 기술된 바와 같은 특성을 가진 불연성 가림막이나 또는 차단막에 의해 분리되어야 한다.

4.2 눈과 얼굴(안면) 보호. 눈 및 얼굴(안면) 보호는 『ANSI/ISEA Z87.1, *직업 및 교육인원의 눈과 얼굴 보호 장치들*』에 적합하여야 한다. 또한 자외선에 대한 보호를 위해서는 380nm에서 400nm 범위가 포함되어야 한다.

E4.2 ANSI/ISEA Z87.1은 현재 자외선의 상한선을 380nm로 정의한다. 이 표준에서는 자외선 복사의 상한선은 400nm이다(2.10절 참조).

4.2.1 유형 선택

4.2.1.1 개방된 아크에 의한 아크용접 및 아크절단. 작업자들과 작업영역 인근의 인원이 아크를 보게 되는 경우에는 필터렌즈와 덮개(커버)렌즈가 부착되어 있는 헬멧이나 손가림장비들을 사용해야 한다.

E4.2.1.1 필터렌즈가 부착된 용접 헬멧은 아크 광선과 헬멧에 직접 충돌하는 용접 스파크 및 스패터로부터 사용자를 보호하기 위한 것이다. 용접 헬멧이 사용 도중에 위로 올라가는 동안에도 충격 위험으로부터 사용자를 보호하기 위해서는 측면 보호안경 또는 고글을 착용해야 한다.
안경 또는 고글에는 인접한 용접작업이나 또는 절단작업에서 노출되는 복사선의 량에 따라서 맑은 렌즈나 필터로 된 렌즈를 부착할 수 있다(표 1 참조). 용접영역 바로 인근에 있는 사람들은 유사한 눈보호 기구를 착용해야 한다. 용접 헬멧으로는 연삭바퀴(그라인딩 휠)의 파편이나 연마 디스크 또는 폭발된 장치들에 의한 심각한 충격까지 보호할 수 없다.

4.2.1.2 산소연료가스 용접과 절단 및 서브머지드아크용접(SAW). 모든 산소연료가스 용접과 절단 및 서브머지드아크용접(SAW) 작업을 하는 동안에는 안경이나 고글 위에 착용하는 용접고글이나 용접 헬멧 또는 용접 안면보호구를 착용해야 한다.

E4.2.1.2 이와 같은 눈 보호장구는 측면 방향의 보호도 제공하도록 권장한다(표 1 참조).

4.2.1.3 전기저항용접 및 경납땜(브레이징). 전기저항용접 및 경납땜 장비의 운용자들과 그들의 조력자들은 눈과 얼굴 보호를 위해서 안경이나 고글 위에 용접 고글 또는 용접 헬멧이나 또는 용접 안면보호구를 착용해야 한다.

4.2.1.4 넓은 영역 보기(광역관찰). 교육, 시연, 전시(보이기) 및 특정 자동 용접작업 등과 같이 넓은 영역에서 용접작업을 보는 경우에는 눈 및 얼굴 보호장구 대신 대형 필터의 창이나 커튼이 사용될 수 있다. 창이나 커튼 재료의 복사선 투과율은 『AWS F2.3, *투명 용접 커튼 및 스크린의 사용 및 성능 시방서*』에 있는 것과 동일해야 하며 편안한 시야를 제공 가능한 음영번호를 사용해야 한다.

또한, 필터의 보호 없이 아크를 직시하는 것을 방지하고 스파크 및 쪼아낸 슬래그로부터 관찰자를 보호하기 위한 적절한 조치가 이루어져야 한다.

4.2.2 눈과 얼굴 보호를 위한 요구사항

4.2.2.1 필터렌즈. 필터렌즈는 ANSI/ISEA Z87.1에 따라야 하며, 음영은 『AWS F2.2 *렌즈 음영 선택기*』, 또는 표 1에 따라 선택되어야 한다.

E4.2.2.1 AWS F2.2의 최신판을 참조한다. 필터렌즈는 시력의 산란이나 방해 또는 그 외에 시력을 손상할 수 있는 결함들이 없어야 한다. 특별한 시력 조건이 있는 사람들은 보호장비에 대한 특정 정보에 대해 의사와 상담해야 한다.

4.2.2.2 재료 특성. 헬멧과 손가림장비의 몸체들은 열 및 전기 절연성이나 불연성 또는 자체 소화성(self-extinguishing) 재료로서 가시광선과 자외선 및 적외선 복사에 대해 불투명한 재료로 만들어야 하며, 『ANSI/ISEA Z87.1, *전업 및 교육 인원의 안면(눈과 얼굴) 보호 장치*』의 요구사항에 적합하여야 한다.

E4.2.2.2 ANSI/ISEA Z87.1을 준수하는 용접헬멧, 손가림장비 및 고글은 가연성이 제한적이다.

4.2.2.3 보호 영역. 위험에 노출될 가능성이 있는 경우, 헬멧 및 손가림장비에 의해 얼굴, 이마, 목, 귀를 귀 뒤의 수직선까지 아크로부터 직접 방사되는 에너지와 용접 스패터로부터 보호되어야 한다.

E4.2.2.3 마이크로 플라즈마아크 등과 같은 일부 낮은 전류의 공정들은 유해한 복사선에 노출되지 않을 수 있으나, 스패터에 노출될 수 있다. 따라서 복사선 위험이 없는 경우에도 작업자들은 보호안경을 착용해야 한다.

4.2.2.4 재료가 피부에 미치는 영향. 신체와 접촉하는 물질들은 쉽게 피부를 자극하거나 피부가 변색되지 않게 하는 것이어야 한다.

4.2.2.5 고글 환기. 고글은 ANSI Z87.1에 따라 렌즈에 김서림을 방지하도록 환기를 시켜야 한다.

4.2.2.6 외부 덮개(커버)렌즈. 용접스패터, 피팅(pitting)이나 긁힘으로부터 필터렌즈나 고글, 헬멧 또는 손가림장비 내의 필터 렌즈를 보호하기 위해서 외측 렌즈가 제공되어야 한다. 외부 덮개렌즈는 투명유리나 자기 소화성(self-extinguishing) 플라스틱이어야 하나 내충격성이 확보될 필요는 없다.

4.2.2.7 내부렌즈 또는 판. 용접사용 헬멧으로 "앞 들창(lift front)"형이 사용되는 경우에는, 전면이 들렸을 때에 비산입자들로부터 용접사를 보호하기 위해서 눈과 가장 가까운 테두리(프레임)의

표 1. 음영번호 권장값
(AWS F2.2: 2001(R2019), 렌즈 음영 선택기)
음영(차광) 수치는 어디까지나 안내용으로 주어진 것이며 개별상황에 맞게 변경될 수 있다.

프로세스	용접봉 사이즈 mm(in)	아크전류 (암페어)	최소 보호음영	권장* 음영번호(편안)
피복금속아크용접	2.4 (3/32) 미만	60미만	7	–
	2.4~4.0 (03/32~5/32)	60~160	8	10
	4.0~6.4 (5/32~1/4)	160~250	10	12
	6.4 (1/4) 초과	250~550	11	14
가스메탈아크용접 및 플럭스코어드아크용접		60미만	7	(Note b)
		60~160	10	11
		160~250	10	12
		250~500	10	14
가스텅스텐아크용접		50미만	8	10
		50~150	8	12
		150~500	10	14
공기탄소아크절단(CAC-A)				
박판		500 미만	10	12
후판		500~1000	11	14
플라즈마아크용접 (PAW)		20 미만	6	6-8
		20~100	8	10
		100~400	10	12
		400~800	11	14
플라즈마아크절단 (PAC)		20 미만	4	4
		20~40	5	5
		40~60	6	6
		60~80	8	8
		80~300	8	9
		300~400	9	12
		400~800	10	14
토치 연납땜(TB)		–	–	3 또는 4
토치 경납땜(TS)		–	–	2
탄소아크용접(CAW)		–	–	14
	판두께			권장 음영번호(편안)
	mm	in		
산소연료가스용접(OFW)				
박판	3 미만	1/8 미만		4~5
중판	3~13	1/8~1/2		5~6
후판	13 초과	1/2 초과		6~8
산소절단(OC)				
박판	25 미만	1 미만		3~4
중판	25~150	1~6		4~5
후판	150 초과	6 초과		5~6

* 경험적 질문법으로, 용접 영역을 보기에 강한 음영에서부터 시작한다. 그리고 최소 번호 이하로 내려가지 않으면서 용접 영역을 보기에 충분한 가벼운 음영으로 이동한다. 토치 또는 플럭스가 높은 황색광을 생성하는 산소연료가스 용접, 절단 또는 연납땜(브레이징)에서는 가시광선 스펙트럼의 황색 또는 나트륨선을 흡수하는 필터렌즈를 사용하는 것이 바람직하다.

내부에 고정된 충격 안전렌즈나 충격 안전판이 있어야한다.

4.2.2.8 표지. 필터 렌즈들에는 제조자를 쉽게 식별할 수 있는 영구적으로 구별이 가능한 표지가 있어야 한다. 또한 모든 필터렌즈들은 그들의 음영번호가 표시되어 있어야 하고 ANSI Z87.1의 요구조건을 따라야 한다.

4.2.2.9 복사선 투과율 특성. 모든 필터렌즈는 ANSI/ISEA Z87.1의 "자외선, 가시광선 및 적외선 투과율" 요구사항을 충족하여야 하며, 자외선에 대한 보호범위는 380nm에서 400nm 까지로 확대되어야 한다(4.2 참조).

4.2.2.10 유지관리. 헬멧, 손가림장비 및 고글은 상태가 양호하도록 잘 유지관리되어야 하며, 세척하지 않고 한 작업자로부터 다른 작업자에게 전달되지 않아야 한다.

E4.2.2.10 세척(청소) 방법에 대해서는 제조업체의 지침을 참조한다.

4.3 보호복. 의류는 발화, 연소, 뜨거운 불꽃(스파크)의 쌓임 또는 전기충격의 가능성을 최소화할 수 있도록 선택하여야 한다.

E4.3 가죽이나 방염복(Flame Resistant Clothing, FRC)과 같이 가연성을 줄이기 위해 화학적 처리를 하였거나 또는 원래 난연성이 있는 무거운 재료가 발화하기 어렵기 때문에 가벼운 재료보다 바람직하다. 난연성 소재로 처리된 작업복은 반복적인 세탁이나 청소 후에 보호특성이 일부 상실될 수 있다. 방염복 관리는 제조업체의 권장사항을 따른다. 용접하거나 또는 절단할 때에는, 녹아서 심각한 화상을 일으킬 수 있는 물질들은 의류로 사용할 수 없다.

겹쳐서 감아올린 소매, 옷 주머니 또는 덧옷이나 바지의 단 내의 홈에 스파크가 들어갈 수가 있다. 따라서 소매와 옷깃(collar)은 단추를 채워두고 의류의 전면에는 주머니가 없는 것이 좋다. 주머니가 있는 경우에는 가연성 또는 쉽게 연소할 수 있는(가연성) 물질들을 비워야 한다. 겉옷 또는 바지는 단이 없어야 하고 밖으로 말아 올리지 않아야 한다. 바지는 신발에 들어가는 스패터를 방지하기 위해 신발 상단을 덮도록 해야 한다. 마모된 의류는 발화 및 연소에 특히 취약하므로 용접 또는 절단할 때 착용해서는 안된다(11.3 및 11.4절 참조).

4.3.1 선택. 의류는 충분한 덮개를 제공해야 하며, 스파크, 스패터, 또는 복사선에 의한 피부화상을 최소화하기 위해 적절한 재료로 만들어야 한다.

E4.3.1 용접 및 절단작업을 수행하기 위한 적절한 보호복장은 작업의 규모, 특성, 위치에 따라 달라질 수 있다. 의류들은 보호성능을 줄일 수 있는 기름 및 유지로부터 청결을 유지하여야 한다.

4.3.2 장갑. 모든 용접사 및 절단사들은 보호용 방염장갑을 착용해야 한다. 모든 장갑은 잘 수리되고 건조되어야 하며, 그리고 용접공정에 의한 감전으로부터 보호할 수 있어야 한다.

E4.3.2 가죽, 고무, 또는 다른 적합한 재료로 만들어진 장갑을 권장한다. 높은 복사 에너지가 노출되는 신체부위의 보호를 위해서는 절연내피가 사용되어야 한다(E11.2.2 참조).

4.3.3 앞치마. 불꽃과 복사 에너지에 대한 추가적인 보호가 필요한 경우 내구성 있는 내화성 앞치마를 사용하여 신체 전면을 보호해야 한다.

E4.3.3 가죽 또는 기타 적절한 재료로 만든 앞치마가 권장된다. 높은 복사에너지에 노출된 부위를 보호 하기 위해 절연 라이닝을 사용해야 한다 (E11.2.2 참조).

4.3.4 각반(레깅스). 대규모 작업에 대해서는 다리를 추가적으로 보호하기 위해서 방염(불꽃 방지) 각반 또는 이와 동등한 수단이 사용되어야 한다.

E4.3.4 생산 작업에서는 작업자의 다리 앞에 설치된 금속널판 보호막(sheet metal screen)을 설치하면 절단작업의 스파크 및 용융 금속으로부터의 추가적인 보호 수단이 될 수 있다.

4.3.5 어깨 망토 및 소매(토시). 가죽 또는 다른 난연재료로 만든 어깨 망토 소

매 또는 앞치마가 달린 어깨덮개는 상향 용접시 용접, 절단 또는 다른 작업을 하는 동안 필요시 착용해야 한다.

4.3.6 기타 보호복. 귓구멍에 대한 위험이 있는 경우에는 제대로 맞는 화염방지 귀 마개나 또는 동등한 보호장구가 사용되어야 한다. 필요한 경우, 머리 화상을 방지하기 위해서 난연성 소재로 만든 모자를 헬멧 아래에 착용하여야 한다.

4.4 소음 제어. 소음은 가능하면 소음 발생원에서 관리되어야 한다. 허용한도 내에서의 소음 노출을 제어할 수 없는 경우에는, 귀 덮개나 귀마개와 같은 개인보호장구가 사용되어야 한다.

E4.4 용접, 절단 및 관련 작업들은 작업 공정과 기기로부터 소음이 발생한다. 높은 소음이 발생할 수 있는 공정들은 공기-탄소 아크절단 및 가우징, 플라즈마 아크절단 및 가우징과 일부 산소연료가스 공정들과 장비 및 지지 장비이다. 때때로 높은 수준의 소음을 발생시키는 장비는 엔진구동발전기이다. 슬래그 쪼아내기(치핑) 및 연삭 등과 같은 공정들은 특정 상황에서 유해한 소음이 발생할 수 있다.

4.5 호흡 보호장비. 환기 등의 제어로 공기 오염 물질들을 허용수준으로 감소시킬 수 없거나 이러한 제어의 구현이 가능하지 않을 경우에는 공기 중 높은 농도의 오염물질로 부터 작업자를 보호하기 위해 호흡 보호장비가 사용되어야 한다.

E4.5 허용수준에 대한 설명은 5.1절을 참조한다. 밀폐공간에서 인공호흡기의 사용에 대한 지침은 이 표준의 7장「밀폐공간」을 참조한다.

4.5.1 승인된 호흡 보호장비만을 사용하여야 한다.

E4.5.1 호흡장비의 승인은 국립산업안전보건연구소(National Institute for Occupational Safety and Health, NIOSH) 또는 광산안전보건청(Mine Safety and Health Administration, MSHA)에 의해 발급된다.

4.5.2 호흡장비의 사용이 필요할 때마다 호흡장비의 적절한 선택 및 사용에

E4.5.2 호흡기 사용 관련 연방규정인 『미국산업안전보건청(OSHA) 29 CFR, 1910.134, *호흡기 보호 표준*』에 의하면

대한 프로그램을 설정하여야 한다.

4.5.3 공기공급식 호흡장비 또는 다른 호흡장비를 위한 압축공기는 적어도 압축가스협회의 『ANSI/CGA G-7.1, *공기에 대한 상품 시방서*』의 등급 D의 요구사항들을 만족해야 한다

소독하지 않은 호흡장비는 한 작업자로부터 다른 작업자로 전달되지 못하도록 규정하고 있다.

4.6 교육. 용접 위험에 노출된 인원들은 보호복과 장비에 대한 사용법과 사용 이유에 대해 교육을 받아야 한다.

E4.6 해당 인원들에는 작업자와 그들의 직속 감독자를 포함한다. 보호복장 및 장비에 대한 적절한 ANSI 표준을 참조한다.

5. 환기

5.1 일반사항. 모든 용접, 절단, 납땜 및 관련 작업은 적절한 환기가 이루어져야 한다. 여기서 적절한 환기라 함은 공기중 오염물질의 유해 농도가 관할기관 지정 허용한계 이내로 유지되는 충분한 환기를 의미한다.

적절한 환기가 어려운 경우에는 4.5절에 규정된 호흡 보호장비를 사용하여야 한다.

E5.1 적절한 환기를 산정하는 요인들에는 다음이 포함된다.

(1) 작업이 이루어지는 체적과 공간의 구성(7장「밀폐공간」 참조)

(2) 오염물질을 생성하는 작업의 수와 유형

(3) 생성되는 특정 독성이나 또는 인화성 오염물질의 농도(5.2절 참조)

(4) 자연적인 공기흐름(작업이 수행되는 장소의 공기흐름 속도 및 일반 대기조건)

(5) 오염물질 또는 오염원과 관련된 용접사의 위치 및 다른 인원의 호흡영역

허용 가능한 노출 한계값이 인정기관들 사이에 차이가 있는 경우에는 안전이 최대로 보장되도록 낮은 값들을 사용하여야 한다. 용접 및 절단으로부터 생성되는 흄(용접매연)과 가스들은 간단(단순)하게 분류할 수 없다.

흄과 가스의 조성성분 및 수량은 적절한 환기를 위해서 이 장에서 항목화한 요인들뿐만 아니라 작업하는 금속, 사용하는

공정과 소모재 그리고 페인트, 아연도금 또는 도금 등과 같은 작업물의 도색(칠)과 청소 및 탈지 활동으로부터의 할로겐화 탄화수소 증기 등 여러 요인에 따라 달라진다. 페인트와 초벌칠(프라이머)들의 연기 및 가스의 발생을 줄일 수 있는 좋은 방법은 용접하기 전에 모재의 맨 표면이 들어나도록 연삭하거나 또는 분사(sand) 처리를 하는 것이다. 그러나 이러한 제거방법이 작업자의 보호를 필요로 하는 미립자를 생성할 수 있음에 유의해야 한다.

용접 및 절단에서 흄의 구성성분은 일반적으로 용접봉이나 또는 용접소모재의 구성성분과는 상이하다.

일반적으로 기대하는 정상작업의 흄 생성물에는 소모품들, 모재금속과 도색(코팅) 및 대기오염 물질로부터 유래되는 것들이 포함된다.

일반적으로 예상되는 가스 생성물들로는 일산화탄소, 이산화탄소, 불소화합물(플루오라이드), 산화질소 및 오존이 포함된다.

적절한 환기법을 결정하기 위해 권장되는 방법은 작업자가 노출되는 연기 및 가스들의 구성성분 및 수량의 시료에 기반하는 것이다(5.2절 참조).

산업안전보건청(OSHA) 또는 다른 기구들은 관할기관이 될 수 있다.

관할권을 가지고 있지는 않지만, 이러한 노출 한계들의 대부분은 미국정부산업위생회의(Governmental Industrial Hygienists, ACGIH)의 출판물에 근거를 두고 있다. E4.1.3의 보호 가림막(스크린) 및 7장의 「밀폐공간」을 참조한다.

5.2 호흡구역의 샘플링. 공기중의 흄(용접매연) 오염물 농도를 대기의 샘플링에 의해 결정하는 경우, 샘플링은『AWS F1.1, *용접과 관련 공정들에 의해 생성되는 공기중 미립자 시료채취 방법*』에 따라야 한다. 헬멧을 착용하는 경우는, 용접사의 호흡영역 내의 헬멧 안쪽에서 시료를 채취하여야 한다.

5.3 흄(용접매연) 피하기. 용접사 및 절단작업자들은 흄(용접매연)을 직접 흡입하지 않도록 예방조치를 취하여야 한다.

E5.3 흄(용접매연)을 피하기 위하여 작업물이나 머리의 위치 변경, 또는 흄을 얼굴에서 멀어지게 하기 위한 흡기나 환기 경로를 지정할 수 있다. 시험에 의하면 용접사의 얼굴로 직접 향하는 경로의 공기 흐름이 용접사의 뒤에서 불어주는 것보다 흄의 제어에 더 효과적이라는 것을 보여주고 있다. 흄의 대부분은 용접이나 절단 지점에서 직접 상승하는 선명한 깃털과 같이 보인다.

5.4 환기의 종류. 자연환기 또는 5.1절에서 언급된 허용기준 이하로 오염물질을 유지할 수 없는 경우에는, 기계적인 환기나 호흡장비가 제공되어야 한다.

E5.4 용접사의 호흡영역이 흄(용접매연)으로부터 이격되도록 사전조치가 취해지거나 대기 등의 샘플링을 통해 오염농도가 5.1절의 허용치 이하인 경우는 용접과 절단시에 자연환기가 허용될 수 있다.

기계적인 환기에는 국부 배기, 국부 강제 공기이동 및 전체 영역의 기계적인 공기 순환이 포함되며, 국부 배기가 선호된다.

여기서 국부 포집 배기장치는 작업물에 가능한 한 가까이에 배치되고, 5.1절에 언급된 허용기준 이하로 공기 중 오염물질을 유지하기에 충분한 포집 속도를 유지할 수 있는, 고정 또는 이동가능한 배기 후드를 의미한다. 국부 강제 환기장치는 용접사의 얼굴을 가로질러서 공기가 수평으로 순환하도록 배치된 국부적인 공기 순환시스템(가령 휀 등)을 의미한다. 전체적 기계환기장치가 국부 강제 환기장치에 더하여 추가되어야 할 수도 있다.

전체 기계 환기장치의 예로는 지붕 배기 휀, 벽 배기 휀 및 이와 유사한 넓은 면적의 공기 이동장치들이 있다.

일반 기계 환기는 일반적으로 건강에 대한 위험통제 측면에서 국부 기계환기만큼 만족스럽지 못하다. 그러나 국부 환기에 추가하여 사용될 경우에는 종종 도움이 된다. 환기는 작업(용접 또는 절단) 영역에서 대략 0.5m/sec(100ft/min) 이상의 공기속도를 유발하지 않아야 한다. 이것은 아크 또는 화염의 교란을 방지하기 위한 것이다. 약 0.5m/sec(100ft/min)의 공기속도는 용접 및 절단에서 품질관리 목적으로 권장되는 최대 값으로 인식되어야 한다. 이 속도가 근로자의 건강보호를 위한 오염물질 제어에 적합하다는 것을 의미하는 것은 아니다.

5.4.1 재순환. 과도한 수준의 오염물질이 다른 작업영역으로 분산되지 않도록 사전조치를 취하여야 한다. 공기가 재순환되는 경우, 5.1절에서 언급한 허용한계를 초과하는 오염물질이 축적되는 것을 방지해야 한다. 소모품 및 공정과 관련된 제작자의 예방조치를 준수하여야 한다.

5.4.2 공기청정기. 공기청정기는 대기 시료채취에 의해서 5.1에서 언급한 허용한도 이하로 유해한 오염물질의 수준을 유지할 수 있다고 판단된 경우에만 사용하여야 한다.

E5.4.2 공기청정기는 오염된 공기를 필터를 통해 순환시켜서 주변 환경에 여과된 공기를 되돌려주는 장치이다. 이 장치는 실외로 배출되는 공기의 양을 감소시키며 제조에 소요되는 공기의 양을 감소시킨다. 대부분의 필터들은 가스를 제거하지 않는다. 따라서 유해가스의 농도가 허용한계 이하로 유지되도록 적절

한 감시(모니터링)를 하여야 한다.

5.5 환기 관련 특별 고려사항

5.5.1 허용한계가 낮은 재료들. 용접, 연납땜 또는 절단작업에서 다음과 같은 물질들이 구성 요소로 포함된 경우, 그리고 가장 불리한 조건에서 호흡영역의 시료채취를 통하여 유해성분 수준이 5.1절의 허용한계 미만임이 확인되지 않는 경우에는, 5.5.1.1 및 5.5.1.2에 주어진 특별 환기 주의조치를 취하여야 한다: 안티몬, 비소, 바륨, 베릴륨 카드뮴, 크롬, 코발트, 구리, 납, 망간, 수은, 니켈, 오존, 셀레늄, 은, 바나듐.

E5.5.1 용접소모재, 모재, 피복제 또는 용접이나 절단작업에 의해 생성된 공기 중에 포함된 특정 물질들은 종종 허용한계가 매우 낮다. 노출한계에 대한 2018년 개정사항에 따라 강재에 존재하는 미량의 크롬 이라도 용접시 노출문제를 야기하기에 충분할 수 있다. 용접 소모재 및 접합되는 재료들은 흄(용접매연)의 부산물로 일정량의 6가크롬(CrVI) 및 산화크롬과 같은 기타 크롬 화합물을 생성할 수 있다. 2018년 미국 정부 산업 위생협회(American Conference of Governmental Industrial Hygienists, ACGIH)는 6가크롬에 대한 임계제한값(Threshold Limit Value, TLV)을 50μg/m^{3}에서 0.2μg/m^{3}로 낮췄다. 이러한 새로운 임계값을 기준으로 할 때에는 적절한 환기가 제공되지 않는 경우 임계값 이상의 6가크롬(CrVI)에 노출될 수 있다.

여기에 나열된 재료들 중 어느 하나라도 포함되어 있는지를 제조업체에서 제공하는 물질 안전보건자료에서 확인하여야 한다.

5.5.1.1 밀폐공간. 밀폐공간 내의 작업에서 유해물질들이 5.5.1에 규정된 허용한계를 초과할 때에는 국부배기 기계환기장치와 더불어 필요한 경우에는 호흡보호구를 사용하여야 한다(7장 참조).

5.5.1.2 인접 인원. 5.5.1에 열거된 물질들과 연관된 용접이나 또는 절단작업의 근처에 있는 모든 인원들도 마찬가지

로 보호되어야 한다.

5.5.2 불소화합물. 밀폐된 공간에서 플럭스, 피복재나 불소화합물을 함유하는 다른 재료들과 관련된 용접을 하거나 절단작업을 할 경우에는 국소배기 기계환기 또는 호흡 보호장구를 제공하여야 한다.

E5.5.2 불소화합물로부터 생성된 흄(용접매연) 및 가스들은 건강에 유해하며, 접촉시에 눈과 피부를 태울 수 있다. 불화물을 포함하는 브레이징 및 가스용접 플럭스들의 상표 표식 요령은 9.6절을 참조한다.

열린공간에서 불소화합물을 함유하는 물질과 관련된 용접 또는 절단을 할 경우에 국부배기 또는 호흡보호구의 필요성 여부는 개별상황에 따라 달라진다. 그러나 경험적으로는 고정된 위치에서의 용접작업 및 스테인리스강 관련 모든 용접에 대해서는 이러한 보호가 바람직한 것으로 나타났다. 호흡영역 내에서 채취한 공기 시료로 확인된 유리불소화합물이 허용한계 이하로 나타나는 경우에는 이러한 보호가 필요하지 않다.

5.5.3 아연 또는 구리. 용접소모재, 모재금속, 또는 아연이나 구리를 함유하는 피복재들과 관련된 용접이나 절단작업을 하는 경우, 5.5.2에 불소화합물에 대한 규정에 따라야 한다.

E5.5.3 아연 또는 구리화합물을 포함하는 흄(용접매연)은 매스꺼움이나 현기증 또는 때로는 "금속흄열"이라고도 부르는 발열증상을 일으킬 수 있다.

5.5.4 청소 화합물들. 용접하기 전에 청소를 위한 화합물들을 사용할 경우에는 제조업체의 지침을 따라야 한다.

5.5.4.1 염화 탄화수소. 염화 탄화수소와 관련된 탈지 또는 세정작업은 이들 작업으로부터 발생하는 증기가 용융된 용접부 금속이나 또는 아크의 주변 공기 내에 도달하지 않거나 또는 유입되지 않도록 위치해야 한다.

또한, 이러한 물질들은 아크 용접작업의 자외선이 통과하는 공기로부터 거리

E5.5.4.1 이러한 증기들이 아크 용접작업의 공기로 유입되는 경우에는 아주 불쾌감을 동반하는 자극적인 냄새를 가지며, 독성이 강한 포스겐가스를 포함하는 반응 생성물이 생성된다. 낮은 수준의 노출에 의해서는 메스꺼움, 현기증과 불쾌한 느낌(불쾌감)을 일으킬 수 있다. 심한 노출은 건강에 심각한 손상을

가 유지되어야 한다.

5.5.5 아크 및 가스절단. 화학플럭스 또는 철 분말을 사용하는 산소절단, 가스 차폐 아크절단 또는 플라즈마 절단을 수행하는 경우 국부 기계환기나 또는 생성가스를 제거하기에 적합한 다른 방법을 사용하여야 한다.

5.5.6 브레이징용 가열로. 모든 경우에, 퍼징(세정분사) 및 브레이징 작업에서 발산할 수 있는 모든 폭발성 또는 독성가스들을 제거하기 위해서 적절한 기계환기가 제공되어야 한다.

5.5.7 석면. 용접 또는 절단이 석면단열재가 피복된 표면에서 수행되는 경우에는 작업을 시작하기 전에 관할기관의 규정을 준수하여 작업해야 한다.

일으킬 수 있다.

E5.5.5 수면(水面) 작업대, 물 장막(커튼), 수중절단, 환기 또는 이들의 조합의 사용여부는 개별 상황에 따라 달라진다. 경험에 의하면 이러한 보호가 고정된 위치의 생산 용접 및 스테인리스강에 대한 모든 생산 용접을 위해서 바람직한 것으로 나타났다. 호흡영역에서 채취한 공기 시료에 유리된 물질들이 허용한도 이하로 나타나는 경우에는 이러한 보호가 필요하지 않다.

E5.5.6 로(爐) 안에서 가열 시간주기 동안에 완전연소가 일어나면 환기 요구조건은 감소될 수 있다.

E5.5.7 이러한 작업영역 내 작업자의 보호에는 특별한 환기 이외에 교육, 호흡보호, 석면 씻어내기 및 특수 보호복의 사용이 필요할 수 있다. 또한 산업안전보건청(OSHA)의 석면기준도 참조하도록 한다.

6. 화재예방 및 보호

6.1 가연성물질을 포함하는 영역

6.1.1 절단 또는 용접조건. 대기환경이 불연성이 아닌 경우와 가연물을 멀리 존치

E6. 화재예방

용접사, 감독자(외부 도급업자 포함) 및 관리자의 화재방지 및 예방책임에 대한 아래의 주의사항뿐만 아니라 더 많은 정보에 대해서는 『NFPA 51B, *용접, 절단 및 기타 고온작업 동안의 화재예방을 위한 표준*』을 참조한다.

E6.1 용접 및 절단은 되도록 화재위험을 최소화하기 위해 설계되고 건설된 특별히 지정된 영역 내에서 수행하여야 한

시키거나 또는 화재위험으로부터 보호하지 않은 경우에는 용접 또는 절단작업을 하지 않아야 한다.

6.1.2 이동가능 작업물. 현실적으로 가능하면 작업물은 지정된 안전한 장소로 이동해야 한다.

6.1.3 이동가능 화재 위험물. 작업물의 이동이 현실적이지 않은 경우에는 근처의 모든 화재 위험물들은 안전한 장소로 이동시켜야 한다.

6.1.4 움직일 수 없는 작업물 및 화재위험물. 작업물 및 화재위험물이 이동가능하지 않은 경우 열, 불꽃(스파크) 및 슬래그로부터 움직일 수 없는 화재위험물과 가까운 인원을 보호하기 위한 안전조치들이 마련되어야 한다.

6.1.4.1 가연성 바닥. 가연성 바닥은 깨끗해야 하고 물로 적시거나, 젖은 모래, 금속 널재 또는 동등한 자재에 의해 보호되어야 한다. 바닥이 젖은 상태인 경우에는 감전에 대한 인명 보호조치가 취해져야 한다. 예외: 콘크리트 위에 직접 깔은 목재 바닥은 젖게 처리할 필요가 없다.

6.1.4.2 인접한 개구부. 개구부를 통해 떨어뜨릴 수 있는 스파크로부터 아래층 바닥의 인화성 또는 가연성 물질을 보호하기 위해 바닥의 모든 균열이나 개구부(구멍)들은 덮거나 폐쇄하거나 또는 사전대비 조치들이 취해져야 한다. 벽의 균열 또는 개구부, 열린 출입구 또는 열려있거나 또는 파손된 유리창과 관련하여서도 동일한 사전대비를 하여야 한다. 또한 양호한 정리정돈이 유지되어야 한다.

6.2 소방

6.2.1 소화기와 스프링클러

6.2.1.1 용접 및 절단작업이 진행되고 있는 곳에는 적절한 소화 장비가 준비되어 있어야 한다. 허용되는 소화 장비로는 노출된 가연성 물질의 성질과 양에 따라서 물통, 모래양동이(버킷), 호스 또는 휴대용 소화기가 포함된다.

6.2.1.2 스프링클러시스템 보호장치가 있는 경우에는 용접 또는 절단하는 동안에 이들이 작동할 수 있는 상태로 유지되어야 한다. 용접하는 바로 근처의 자동스프링클러 헤드들은 용접공정에서 발생한 열에 의해 작동될 수도 있기 때문에 불연 널재(sheet)나 젖은 천보호막으로 일시적으로 차폐한다.

6.2.2 화재 감시자. 화재의 감지 및 확산을 방지하기 위한 의무를 갖는 화재 감시자는 화재 보고절차 및 긴급 구조절차에 대한 충분한 지식을 갖춘 유자격자(전문가)이어야 한다. 화재 감시자는 용접이나 또는 절단이 수행되고 있는 곳과 대형 화재가 발생될 수 있거나 다음 조건들 중 하나라도 해당될 때 배치하여야 한다.

(1) 가연물이 근접한 경우. 건축물 시공과정에서 가연성 물질이나 또는 내용물들이 작업지점으로부터 반경 10.7m (35ft) 이내로 가까이 있는 경우.

(2) 개구부. 노출된 가연성물질로부터 반경 10.7m(35ft)이내에 있는 벽의 개구부나 바닥의 개구부가 있는 경우 여기에는 벽, 천장 또는 바닥에 숨겨진 공간

E6.2.2 화재 감시자는 용접. 절단 및 연납땜 작업으로 인한 화재를 감시하기 위해 용접사와 함께 용접작업에 할당된 사람이다. 용접 또는 절단이 높은 위치에서 수행될 경우에는 떨어지는 불꽃(스파크) 및 스패터(튐)를 방지하기 위해 주의를 기울여야 한다. 쌓여있는 먼지는 불꽃이나 또는 스패터에 의해 점화될 수 있으며, 다른 위치로 화재를 전파시킬 수 있다.

화재 감시자는 일반적으로 벽의 반대편이나 아래층이나 또는 숨겨진 영역 등과 같이 용접사에 의해 쉽게 관찰되지 않는 영역의 화재를 감시하거나, 또는 용접사가 떠나고 간 자리의 화재위험을 감시한다. 공기 산소아크절단 및 플라즈마아크절단 등의 공정들은 스파크가 10.7m(35ft)를 초과하여 튈 수 있다.

이 있는 경우도 포함된다.

(3) 금속 벽 및 배관(파이프). 금속제 간벽(파티션), 벽, 천장, 지붕의 반대쪽에 근접하여 가연성 물질이 있거나 또는 배관(파이프)과 접촉하고 있어서 전도 또는 복사에 의해 점화할 가능성이 있는 경우.

(4) 선박작업. 저조(탱크) 벽체, 동체(쉘), 데크, 상층(오버헤드) 및 격벽의 반대 측에서 선박작업이 수행되어 용접 불꽃(스파크) 또는 용접 열이 여기에 직접 침투되면 인접한 구획에 까지 화재의 위험을 초래할 수 있는 경우.

6.2.3 추가 화재 감시자. 1인의 화재 감시자의 시야로부터 숨겨진 영역(간벽, 벽, 천장 등의 다른 측면)을 감시(관찰)하기 위해서 필요한 경우에는 추가의 화재 감시자를 배치하여야 한다.

6.2.4 화재 감시 의무. 화재 감시자는 소화 장비의 사용에 대한 훈련을 받아야 한다. 화재 감시자는 화재 시에 경보를 울리는 장비를 잘 알고 있어야 하며, 밀폐된 공간 내부에서 작업하는 인원들과 통신하기 위해서 밀폐공간의 외부에서 있어야 한다.

화재 감시자는 노출된 모든 지역의 화재를 감시하고, 사용 가능한 장비의 용량으로 가능힌 경우에만 진화를 시도해야 한다. 그렇지 않으면 경보를 울려야 한다. 화재 감시자는 잔불에 의한 화재를 탐지하여 소화를 할 수 있도록 용접이나 절단작업이 완료된 후 적어도 1시간(60분) 동안은 남아서 감시를 해야 한다. 화재 감시자는 추가적인 임무가

캐나다에서의 이 권장 거리는 15m(50ft)이다.

E6.2.4 2019년 NFPA(National Fire Protection Association)는 화재작업에 대한 1시간의 화재 감시를 채택했다. 용접, 절단 및 기타 열간 작업 중 화재 예방 표준인 NFPA 51B의 2019년판을 참조한다.

부여될 수도 있다. 그러나 이러한 추가 임무가 그들의 화재감시 업무를 방해하지 않아야 한다.

6.3 고온작업 인가(허가). 용접 또는 절단 목적으로 지정되지 아니한 장소에서는 용접 또는 절단작업을 하려면 사전에 관리담당자로부터 검사 및 인가를 받아야 한다.

E6.3 고온작업은, 소각이나 용접 또는 화재나 폭발을 유발할 수 있는 유사한 작업을 의미한다.

6.4 용접 또는 절단을 위한 컨테이너. 고온작업을 위한 컨테이너가 준비될 때까지 용접 또는 절단작업을 시작하지 않아야 한다. 작업자는 고온작업을 시작하기 전에 『AWS F4.1, *용접 및 절단을 위한 컨테이너 및 배관(파이핑)의 준비에 대한 안전 실무*』를 충분히 숙지하고 있어야 한다.

E6.4 유자격자에 의해 안전하다고 승인되지 않는 이상 모든 컨테이터들은 용접 또는 절단에 안전하지 않은 것으로 간주하여야 한다. 컨테이너를 용접하거나 절단할 경우에는 폭발, 화재 및 독성증기나 흄(용접매연)이 방출될 가능성이 있다. 여기서 컨테이너라 함은 재킷 용기, 탱크, 드럼통, 뚜껑이 덮여진 부품들이나 또는 다른 유사한 상황들을 포함한다. 겉으로 보기에 비어있는 컨테이너에도 균열 및 틈새 내에 숨겨진 재료가 있을 수 있으며 용접 또는 절단에 의해 가열되는 경우에 유해가스가 방출될 수 있다. 부식 부산물들은 컨테이너 안에서 폭발성 가스체(수소)를 발생시킬 수 있다. 유자격자에 의해 용접이나 또는 절단이 안전한 것으로 승인되지 않는 한 물탱크 조차도 위험하다고 고려해야 한다.

유해물질을 보관해 온 컨테이너의 작업 준비에 대한 정보는 『NFPA 326, *진입, 청소 또는 수리를 위한 탱크 및 컨테이너의 안전장치에 대한 표준*』 및 여러 API 문서들에서도 찾을 수 있다. 상세한 내용은 부록 B와 C를 참조한다.

7. 밀폐공간

7.1 밀폐공간 내의 환기. 밀폐공간 내의 환기는 생명유지를 위한 적절한 산소를 보장하고 질식물이나 가연성 또는 폭발성 혼합물의 축적을 방지하고, 산소가 과도한 대기를 방지하며, 5.1절(충분한 환기)에서 언급한 호흡공기 중 오염물질을 허용기준 이하로 유지시켜야 한다.

E7.1 밀폐공간에서의 작업에는 특별한 주의가 필요하다. 발주자(소유자) 및 도급업자의 인력 모두를 포함하는 작업자들은 문서로 준비된 밀폐공간 내의 작업 지침에 대해 잘 숙지하고 있거나 관련 유자격자의 감독하에서 작업을 해야 한다. 질식은 경고없이 무의식과 사망에 이르게 하는 원인이다. 산소가 너무 많은 대기는 심각한 연소를 야기하여, 급격하게 치명적인 화상을 입힐 수 있다.

7.1.1 진입 전 환기. 밀폐공간은 통풍이 잘 되어 있고 진입에 대한 안전을 보장하는 검사를 받지 않고서는 진입할 수 없다. 진입을 위한 안전한 공간을 유지하는 것이 비실용적인 경우에는 다음과 같은 조건이 충족될 때에만 공간에 진입할 수 있다.

(1) 산소 결핍이 발생하지 않는지 또는 대기중에 산소가 너무 많지 않은지, 화재나 폭발의 위험 또는 생명에 위험한 대기가 아닌지의 여부를 실험적으로 확인한 공간;

(2) 구조를 위한 장비를 갖추고 훈련받은 예비인력이 밀폐공간 외부에 대기하는 경우.

E7.1.1 7.5절을 참조한다.

7.1.2 대기 검사. 밀폐공간에 진입하기 전 그리고 머무는 동안, 독성 가스나 인화성 가스, 먼지와 증기, 산소의 적정량 여부 등에 대하여 시험하여야 한다. 공기보다 무거운 가스와 증기가 존재하는 피트, 탱크 바닥, 낮은 영역 및 바닥 가까운 영역 그리고 공기보다 가벼운 가스들이 존재하는 탱크 상부, 높은 지역 및

E7.1.2 보다 자세한 주의사항들은 ANSI Z117.1 및 산업안전보건청(OSHA) 29 CFR 1910.146을 참조한다. 가능하면 경보음과 함께 지속적인 감시체계가 밀폐 공간 작업에 사용되어야 한다. 아르곤, 프로판 및 이산화탄소 등의 가스는 공기보다 무거우며, 헬륨, 천연가스 등의 가스는 공기보다 가볍다.

천장과 가까운 영역 등에 대하여 동일한 주의사항들을 적용하여야 한다.

7.1.3 인접 인력. 밀폐공간 내의 적절한 환기를 통해 용접사나 또는 절단자 자신을 보호하기 위해서 뿐만 아니라, 영역 내에 있을 수 있는 모든 인력을 보호해야 한다.

7.1.4 공기의 품질과 공기량. 환기를 위한 공기의 품질과 공기의 양은 사람에게 노출되는 유해한 오염물질이 5.1절에 규정된 허용기준 이하로 유지되도록 해야 한다. 실린더 또는 압축기에 의해 공급되는 호흡공기는 ANSI/CGA G-7.1의 등급 D 요구사항을 만족해야 한다. 호흡기구를 위한 공기 공급배관(라인)은 전용선(라인)이어야 하며 호흡 공기 공급배관에 유해하거나 또는 독성가스가 유입될 수 있는 다른 배관과 밸브로 연결되지 않아야 한다.

E7.1.4 호흡 기구를 위한 공기의 품질과 호흡기구의 사용을 위한 추가의 정보는 29 CFR 1910.134에서 찾을 수 있다.

7.1.5 가스 환기 금지. 산소나 또는 공기 이외의 다른 가스 또는 가스의 혼합물들은 환기에 사용하지 않아야 한다.

E7.1.5 호흡 목적을 위한 공기는 자연공기이거나 또는 합성된 공기일 수 있다.

7.1.6 생명이나 건강에 급박한 위험(IDLH)이 있는 영역에서의 환기. 생명이나 건강에 급박한 위험이 있는 지역에서 용접이나 절단 또는 관련 공정이 수행될 경우에는 미국산업안전보건청(OSHA) 29 CFR 1910.146의 요구사항들을 따라야 한다.

E7.1.6 동반 참석자의 책임에 대한 자세한 정보는 7.5.1을 참조한다.

7.2 서비스 장비의 위치

E7.2 이 규정의 목적은 가스 실린더로부터의 가능한 가스누출이나 또는 용접전원 또는 유사한 장비에 의한 퓸에 의해서 발생하는 밀폐공간의 공기 오염을 방

7.2.1 압축 가스실린더 및 용접전원. 밀폐된 공간 내에서의 용접이나 또는 절단을 하는 경우에는 가스실린더 및 용접전원들은 밀폐공간 외부에 위치해야 한다.

7.2.2 운반구(바퀴) 위의 무거운 휴대용 장비. 바퀴가 달린 운반구 위에 장착된 휴대용 중장비는 밀폐공간 안에서 작업이 시작되기 전에 실수로 인한 이동을 방지하기 위하여 제 위치에 고정되어야 한다. 자세한 내용은 3.1.3을 참조한다.

7.2.3 환기 덕트. 용접, 절단 또는 연관되는 작업을 위해서 국지적 배기를 위해 사용되는 덕트들은 비가연성 물질로 제작되어야 한다. 이 덕트들은 적절한 기능을 보장하기 위해 필요한 경우에는 검사를 하여야 하며, 내부 표면들은 가연성 잔류물이 없도록 해야 한다.

7.3 인접 영역. 용접 또는 절단이 특정 밀폐된 공간 내에서나, 또는 인접하여 수행되는 경우에 관련 인력은 밀폐공간 내에서의 위험에 대해 주지시켜야 하며, ANSI Z117 및 OSHA 29 CFR 1910.146에 명시된 주의사항들이 준수되지 않는 경우 이러한 공간에 진입하지 않아야 한다.

7.4 비상 신호. 사람이 맨홀이나 또는 다른 작은 구멍을 통해 밀폐공간에 들어가는 경우에는 적절한 신호를 통해 외부 인원의 도움을 받을 수 있도록 미국산업안전보건청(OSHA) 29 CFR 1910.146의 지침을 따라야 한다.

지하고 전기충격의 가능성을 최소화하는 것이다.

E7.2.3 용접 또는 절단 활동이 환기닥트나 또는 컨베이어시스템 근처에서 수행되는 경우에는 불꽃튐(스파크) 및 스패터가 가연성이나 또는 폭발성 물질 위치까지 도달하지 않도록 주의를 기울여야 한다.

7.5 생명이나 건강에 급박한 위험(IDLH)이 있는 영역 내의 근무자. 생명이나 건강에 급박한 위험이 있는 환경에서 또는 발생할 수 있는 밀폐공간 안에서 작업이 수행되는 경우에는 미국산업안전보건청(OSHA) 29 CFR 1910.146에 명시된 바와 같이 밀폐 공간의 외부에 동반 근무자를 배치하여야 한다.

7.5.1 동반 근무자의 책임. 동반 근무자는 비상시 내부에서 작업하는 사람들을 신속하게 구출하거나 보호하기 위해 미리 계획된 구조절차를 확보하고 있어야 하며, 내부의 근로자를 관찰하거나 또는 그들과 지속적으로 소통을 하여야 하고, 효과적으로 구조작업을 수행할 수 있어야 한다. 각각의 동반 근무자는 구조자로서 또는 최초 대응자로서 밀폐공간에 진입하기 위해 필요한 휴대용 양압 호흡장치를 구비하고 있어야 한다.

E7.5.1 구조작업 활동계획에는 구조가 필요한 작업자의 수, 사고 시나리오별 소요시간 및 추가 구조요원을 불러오는데 필요한 시간 등과 같은 요소들을 고려하여야 한다.

7.5.2 안전멜빵(하네스 시스템). 긴급 구조 목적으로 몸통멜빵이 사용되는 경우에는 이들이 계획된 구조절차에 따라서 좁은 출구나 또는 구불구불한 탈출경로를 통과하기에 방해가 되지 않도록 몸에 밀착시켜서 착용해야 한다.

7.6 연납땜(브레이징) 가열로

E7.6 연납땜(브레이징) 가열로들은 많은 점에서 밀폐공간 형태이다. 이 가열로는 연납땜을 하는 동안에 산소를 제거하기 위해 다양한 기체를 사용한다. 이러한 기체로는 불활성가스, 인화성가스, 가연성가스의 연소생성물 또는 진공을 포함할 수 있다. 연납땜(브레이징) 가열로의 가동에서 잠재적인 위험은 다음과 같다.

(1) 생명 유지에 필요한 산소가 부족한

7.6.1 생명유지. 연납땜 가열로 안으로 들어갈 필요가 있거나 또는 인접 영역으로 인원의 진입이 필요한 경우에는 7.1절의 규정을 준수해야 한다.

7.6.2 화재 및 폭발. 연납땜 가열로 내부 대기에 가연성가스를 사용하는 경우나 또는 로의 내부 대기를 조성하기 위해 가연성가스를 연소하는 경우에는 로 내부에 가연성가스와 공기의 폭발성 혼합물이 생성되지 않도록 해야 한다.

7.6.3 배출(Venting). 연납땜 가열로 내부 대기는 인명 위험을 유발하지 않는 위치로 배출해야 한다.

경우 인접지역 안으로 진입하거나 또는 그 안에서 작업하는 인원의 질식;

(2) 로(爐) 내에서 대기가 생성되거나 또는 순환되는 동안에 로 내에서 가연성가스와 공기의 폭발성 혼합물 생성;

(3) 연납땜 공정에 의한 작업영역 내의 유해한 흄(용접매연) 또는 가스의 축적.

8. 공공전시 및 시범행사

E8. NFPA 51B를 참조한다. 지자체별 법규와 규정들에 따라서 추가의 조치가 필요할 수 있다.

8.1 적용범위. 이 표준의 모든 요구사항들은 이 장으로 대체되는 경우를 제외하고는 공공전시 및 시범행사에 적용해야 한다.

E8.1 이 장에는 공개 시범과 전람 및 전시 그리고 상업전시회(이하 전시라고 함)에서 실시되는 용접 및 절단작업과 관련하여 관람자와 전시자 및 일반 대중들을 보호하기 위한 안전 주의사항들을 포함하고 있다.

8.2 감독. 용접, 절단작업 및 관련 장비의 설치 및 작동(가동)은 유자격자에 의하거나 또는 그 사람의 감독 하에 수행하여야 한다.

8.3 전시장

8.3.1 전시장 설계. 전시장은 전시장있는 관람자에게 상해의 위험 가능성을 최소화하도록 건설되고, 설치되며 운영되어야 한다.

8.3.2. 전시장 배치. 전시장의 물품들과 장비는 비상시 사람들의 탈출을 방해하지 않도록 배치하여야 한다.

8.4 소방

E8.4 6장「화재 예방 및 소방」을 참조한다.

8.4.1 소화기. 전시장에는 적절한 크기와 종류의 휴대용 소화기가 비치되어야 한다.

8.4.2 가연물. 전시장에 있는 가연성 물질들은 화염, 스파크 및 용융된 금속으로부터 차폐되어야 한다.

8.4.3 소방서. 전시장의 사용 용도가 소방서에 사전 통보되어야 한다.

8.5 일반관람자의 보호

E8.5 6장「화재예방 및 소방」을 참조한다.

8.5.1 화염, 불똥 및 용융된 금속. 일반관람자는 화염, 불똥 및 용융된 금속으로부터 보호되어야 한다.

8.5.2 복사선. 유해한 자외선, 적외선, 및 기타 전자기적 복사선으로부터 보호되어야 한다. 차폐는 직접 보는 관찰자 및 인근의 행인을 보호해야 한다.

8.5.3 흄(용접매연) 및 가스. 유해 농도인 연기와 가스의 흡입으로부터 보호되어야 한다.

8.5.4 전기 충격. 전기가 통하고 있는 부품들과의 접촉으로부터 보호되어야 한다.

8.6 가스 실린더

E8.6 10.8절 및 10.9절도 참조한다.

8.6.1 용량. (전시장 사용) 실린더들은 중량 또는 압력 기준으로 최대 허용치의

절반(1/2)을 초과하여 충전할 수 없다. 비액화 가스 및 아세틸렌용 실린더들은 그들의 최대 허용 충전압력(kPa 또는 psi)의 절반(1/2) 이상을 초과하지 않도록 충전하여야 한다. 액화가스용 실린더들은 최대용량(kg 또는 lb 단위)의 절반을 초과하지 않도록 충전해야 한다.

8.6.2 저장. 전시장에서 사용하기 위해 비축하고 있는 연결되지 않은 실린더들은 각 가스의 약 하루동안 사용되는 소비량으로 제한하여야 한다. 그 외의 실린더들은 승인된 저장영역에 저장하여야 하며 옥외에 저장하는 것이 바람직하지만 건물 출구근처에 저장하지 않아야 한다.

8.6.3 트럭. 운반이 필요한 경우에 중량이 18kg(40lb)를 초과하는 실린더들은 손운반트럭 또는 동력트럭으로 운반하여야 한다.

8.6.4 실린더 밸브. 장비가 사용되지 않는 경우에는 실린더 밸브를 잠가두어야 한다.

E8.6.4 수일 동안과 같은 장시간 동안 장비가 사용되지 않는 경우에는 실린더의 밸브를 잠그고 뚜껑을 채워 두어야 한다. 8.6.5를 참조한다.

8.6.5 밸브 덮개(캡). 밸브보호 뚜껑(캡)을 장착할 수 있도록 설계되어 있는 실린더들은 실린더가 사용 중이거나 또는 바로 사용할 수 있도록 연결되어 있는 경우를 제외하고는 뚜껑이 제자리에 채워져 있어야 한다.

8.6.6 보호. 실린더들은 넘어지지 않도록 위치하거나 또는 고정되어(묶여) 있어야 한다.

8.7 공정용 호스, 케이블 및 도관들

8.7.1 물리적 손상. 호스, 케이블 및 도관들은 이들이 물리적으로 손상되지 않도록 위치하고, 보호되어야 한다.

8.7.2 발걸림(트리핑). 호스, 케이블 및 도관들은 발걸림 위험을 최소화할 수 있도록 위치해야 하고 보호되어야 한다.

E8.7 10.6절도 참조한다.

9. 예방조치를 위한 정보

9.1 일반사항. 모든 관련자는 흄(용접매연), 가스, 전기충격, 열, 방사선 및 소음으로부터의 잠재적인 위험을 통보받아야 한다.

E9.1 잠재적인 위험에 대한 추가 정보는 4장「인원 및 일반 영역의 보호」를 참조한다. 또한 미국산업안전보건청(OSHA) 29 CFR Section 1910.1200을 참조한다.

9.2 아크용접과 관련공정 및 장비에 대한 예방정보. 그림 1의 정보나 또는 이와 동등한 정보는, 예컨대 용접용 용가선(와이어), 플럭스, 전극 등 재료의 저장용기(컨테이너) 및 전원공급 장치, 와이어 공급기(피더)와 아크용접, 아크절단 및 연관 공정들에서 사용되는 제어장치(컨트롤) 등과 같은 주요 장비는 장비 위에 표시되어야 한다. [주: 아크용접 공정 및 장비용 문구들, 그림 1] 상표딱지(라벨), 태그 또는 다른 인쇄된 양식으로 표시할 수 있다.

소음이 위험한 수준으로 판정되었을 경우에는 "소음은 청력에 손상을 줄 수 있음." 이라는 위험 경고문을 "전기충격은 사망에 이를 수 있음." 이라는 위험 경고문 다음에 표시하여야 한다.

응급처치 정보는 마지막 예방조치 다음에 위치시켜서 제공한다.

E9.2 이 정보는 최소한의 요구사항이다. 표준과 규정이 다른 경우, 추가 정보 및 정보 표지가 요구될 수 있다. 이 메시지는 중요한 사항이다. 이 정보는 최종 사용자들이 정보를 얻을 수 있게 하기 위한 것이다. 안전 표지 및 색상들에 대한 표준 ANSI Z535 시리즈를 참고한다.

응급처치 정보는 일반적으로 즉각적이고 중요한 건강상의 위험요소가 내재되어 있는 제품에만 권장된다.

라벨 식별번호는 상표(라벨)에 표시되어 있어야 한다.

재료들이 신호 문구 경고(WARNING)의 사용이 요구되는 것보다 더 위험한 것으로 판정될 경우에는, 신호 문구를 위험(DANGER)으로 변경하여야 하고, 적절한 예방 조치방안이 추가되어야 한다.

제품의 회사명과 주소를 제품의 다른 곳에서 쉽게 찾아볼 수 없는 경우에는 회사명과 주소를 상표딱지(라벨)에 표시해야 한다.

9.3 산소연료가스 공정 및 장비를 위한 예방조치 정보. 최소한 그림 2에 표기된 정보나 또는 이와 동등한 정보를 용접봉과 플럭스 등 재료 저장용 포장용기에 표시하고 그리고 산소연료가스 용접, 절단 및 연관 공정들에서 사용되는 주요 장비에도 표시해야 한다. [주: 산소연료가스 공정 및 장비용 문구들, 그림 2] 이 정보는 쉽게 볼 수 있어야 하며, 상표딱지(라벨), 태그 또는 다른 인쇄된 양식으로 표시할 수 있다.

소음이 위험한 것으로 판단되었을 경우에는 "소음은 청각을 손상시킬 수 있습니다"라는 경고 문구를 "불꽃이나 뜨거운 금속으로부터의 열선(적외선)은 눈을 손상시킬 수 있습니다"라는 위험문구 뒤에 표시하도록 해야 한다. 이 정보는 마지막 예방조치 다음에 제공되어야 한다. 제품의 회사명과 주소를 제품의 다른 곳에서 쉽게 찾아볼 수 없는 경우에는 회사명과 주소를 상표딱지(라벨)에 표시해야 한다.

E9.3 9.2절의 해설을 참조한다. 일부 공정들은 아크도 없고 화염도 없다. 적절한 열원 및 적절한 위험을 반영하기 위하여 그림 2의 정보를 수정할 수 있다.

9.4 유해물질 정보. 제품에서 발생하는 흄이 일반 용접흄의 허용한도를 초과하는 경우에는, 그 부산물의 구성요소는 안전보건자료양식(Safety Data Sheet, SDS)에 표시해 두어야 한다. 이들은 5.5.1에 나열되어 있는 재료의 부산물 항목을 포함하지만, 이에 한정되지는 않는다.

E9.4 여러 잠재적으로 유해한 물질들이 용접 및 절단에 필요한 플럭스, 도포재(코팅), 덮개(커버링) 및 용가재 등의 소재로 사용되고 용접 및 절단 중에 대기로 방출된다. 안전보건자료양식(SDSs)은 연방규정에 의해 요구된다. 또한 9.7절을 참조한다.

9.5 카드뮴을 함유하는 연납땜(브레이징) 용가재 금속. 카드뮴을 지정된 구성성분으로 함유하고 있는 연납땜 용가재들은 최소

E9.5 E9.3을 참조한다.

한 그림 3에 표시한 정보나 또는 이와 동등한 정보를 물품꼬리표(태그)나 상자 또는 다른 용기들 그리고 사용자에게 상표가 표시된 용기 내에 넣어서 공급하지 않는 모든 와이어 코일들에 표시하여 전달하여야 한다. [주: 그림 3은 카드뮴 함유 연납땜 용가재용 경고문.]

9.6 불소를 함유하는 연납땜(브레이징) 및 가스용접 플럭스들. 불소화합물을 함유하는 연납쨈 및 가스용접 플럭스는 최소한, 그림 4에 나타낸 바와 같은 예방정보나 또는 이와 동등한 정보를 물품꼬리표(태그)나 상자 또는 다른 용기들에 이들이 불소화합물을 함유하고 있음을 알 수 있도록 표시해야 한다.

E9.6 E9.3을 참조한다.

9.7 안전보건자료양식(SDSs). 용접재료의 공급업체는 생산된 용접 및 절단제품에 유해물질이 사용된 경우 이러한 유해물질을 식별할 수 있도록 안전보건자료양식을 제공해야 한다.

E9.7 안전보건자료양식(SDSs)은 산업안전보건청(OSHA)의 29 CFR Section 1910.1200에 의해서 요구된다. 제조업체는 제품 SDS의 제3장에 있는 위험 구성요소의 기준을 포함하여 SDS 작성에 대한 요구사항을 검토하고 이해하는 것이 중요하다. 또한 제품 사용으로 인해 발생하는 위험 및 위험 구성요소의 선정 요구조건을 검토하고 이해하는 것도 권고된다.

9.8 그림(그래픽) 기호들. 그림(그래픽) 기호들은 이들이 동등한 예방정보를 제공할 경우에는 문자(텍스트) 대신에 허용되어야 한다.

E9.8 또한 『ANSI Z535 및 NEMA EW6, *아크용접 및 절단제품들에 대한 예방 표지를 위한 지침*』도 참고한다.

9.9 위험 통지. 고용주는 이 장에서 설명하는 정보가 제품(이 표준의 3.2.1.2 참조)의 최종 사용자에게 반드시 전달되도록 조치해야 한다.

경고 :

자신과 다른 사람을 보호하십시오. 이 정보를 읽고 이해하십시오.
흄(용접매연)과 가스는 당신의 건강에 해로울 수 있습니다.
아크 광선은 눈을 다치게 하고 피부를 태울 수 있습니다.
감전은 사망에 이를 수 있습니다.

- 사용하기 전에 제조업체의 지침, 안전보건자료(SDS), 모든 표지 정보 및 고용주의 안전 관행을 읽고 이해하십시오.
- 머리를 흄(용접매연)에 가까지 하지 마십시오.
- 호흡 구역과 일반 구역으로 연기와 가스가 들어오지 않도록 충분한 환기, 아크 배기 또는 이들 모두를 사용하십시오. 연기와 가스에 대한 노출이 노출 한계 이상이면 호흡보호장비를 사용하십시오.
- 눈, 귀 및 신체에 올바른 보호 장비를 착용하십시오.
- 전류가 흐르는 전기 부품을 만지지 마십시오.
- 미국용접학회, 8669 NW 36 St, # 130, Miami, FL 33166 에서 발행한 미국국가표준『Z49.1, *용접, 절단 및 연관 공정들의 안전*』및 미국정부인쇄국에서 구할 수 있는 미국산업안전보건청(OSHA)의 안전 및 보건기준을 참조하십시오.

이 정보를 제거하지 마십시오!

그림 1. 아크용접 공정 및 장비에 대한 예방 정보

경고 :

자신과 다른 사람을 보호하십시오. 이 정보를 읽고 이해하십시오.
흄(용접매연)과 가스는 당신의 건강에 해로울 수 있습니다.
불꽃이나 뜨거운 금속으로부터의 열선(적외선 방사)은 눈을 다치게 할 수 있습니다.

- 사용하기 전에 제조업체의 지침, 안전보건자료(SDS), 모든 표지 정보 및 고용주의 안전 관행을 읽고 이해하십시오.
- 머리를 흄(용접매연)에 가까지 하지 마십시오.
- 호흡 구역과 일반 구역으로 연기와 가스가 들어오지 않도록 충분한 환기, 아크 배기 또는 이들 모두를 사용하십시오. 연기와 가스에 대한 노출이 노출 한계 이상이면 호흡보호장비를 사용하십시오.
- 눈, 귀 및 신체에 올바른 보호 장비를 착용하십시오.
- 미국용접학회, 8669 NW 36 St, # 130, Miami, FL 33166 에서 발행한 미국국가표준『Z49.1, *용접, 절단 및 연관 공정들의 안전*』및 미국정부인쇄국에서 구할 수 있는 미국산업안전보건청(OSHA)의 안전 및 보건기준을 참조하십시오.

이 정보를 제거하지 마십시오!

그림 2. 산소연료가스 공정들 및 장비에 대한 예방 정보

위험 : 카드뮴 포함.

자신과 다른 사람을 보호하십시오. 이 정보를 읽고 이해하십시오.
흄(용접매연)은 유독하며 사망할 수 있습니다.

- 사용하기 전에 제조업체의 지침, 안전보건자료(SDS), 모든 표지 정보 및 고용주의 안전 관행을 읽고 이해하십시오.
- 흄(용접매연)을 흡입하지 말 것. 높은 농도에서는 짧은 노출도 피해야 합니다.
- 호흡 구역과 일반 구역으로 연기와 가스가 들어오지 않도록 충분한 환기, 아크 배기 또는 이들 모두를 사용하십시오. 이것이 불가능한 경우에는 공기를 공급하는 인공호흡기를 사용하십시오.
- 작업시 아이들이 가까이 오지 않게 하십시오.
- 미국용접학회, 8669 NW 36 St, # 130, Miami, FL 33166 에서 발행한 미국국가표준『Z49.1, *용접, 절단 및 연관 공정들의 안전*』및 미국정부인쇄국에서 구할 수 있는 미국산업안전보건청(OSHA)의 안전 및 보건기준을 참조하십시오.

이 정보를 제거하지 마십시오!

그림 3. 카드뮴을 함유한 연납땜(브레이징) 용가재(필러 금속) 예방 정보

경고: 불화물 포함.

자신과 다른 사람을 보호하십시오. 이 정보를 읽고 이해하십시오.
흄(용접매연)과 가스는 당신의 건강에 해로울 수 있습니다. 접촉하면 눈과 피부에 화상을 입을 수 있습니다. 삼키면 치명적입니다.

- 사용하기 전에 제조업체의 지침, 안전보건자료(SDS), 모든 표지 정보 및 고용주의 안전 관행을 읽고 이해하십시오.
- 머리를 흄(용접매연)에 가까지 하지 마십시오.
- 호흡 구역과 일반 구역으로 연기와 가스가 들어오지 않도록 충분한 환기, 아크 배기 또는 이들 모두를 사용하십시오. 연기와 가스에 대한 노출이 노출 한계 이상이면 호흡보호장비를 사용하십시오.
- 작업시 아이들이 가까이 오지 않게 하십시오.
- 미국용접학회, 8669 NW 36 St, # 130, Miami, FL 33166 에서 발행한 미국국가표준『Z49.1, *용접, 절단 및 연관 공정들의 안전*』및 미국정부인쇄국에서 구할 수 있는 미국산업안전보건청(OSHA)의 안전 및 보건기준을 참조하십시오.

이 정보를 제거하지 마십시오!

그림 4. 불소를 함유하는 경납땜 및 가스용접용 플럭스에 대한 예방정보.

제 II 부 특정 공정에서의 안전

10. 산소연료가스 용접 및 절단의 안전

10.1 범위. 이 장에서는 산소가스 용접, 절단, 연납땜, 경납땜 및 관련 재료 및 장비의 사용자를 위한 안전한 실무 수행 방법을 다룬다. 여기서는 이러한 장비의 설계 및 구성, 대량의 가스 공급 또는 배관 체계의 구성 또는 설치에 대한 사양은 다루지 않는다.

E10.1 이 장은 장비제조업체가 아닌, 사용자에게 적용된다는 점에 유의한다(1.3절 참조).

10.2 용어

10.2.1 산소는 이름 그대로 부른다. 산소는 "공기" 라는 단어가 아닌 그 고유의 이름인 산소로 불러야 한다.

E10.2.1 이 고유의 이름을 사용하면 오용할 가능성이 줄어들 것이다.

10.2.2 연료가스는 그 이름으로 부른다. 연료, 연료가스 및 액체연료는 "가스"라는 단어가 아닌 아세틸렌, 프로판, 천연가스와 같은 그 고유의 이름으로 불러야 한다.

E10.2.2 위험요소를 정확히 알아내기 위해서는 고유의 이름으로 식별하는 것이 필요하다.

10.3 산소 및 가연물

10.3.1. 가연물로부터 산소를 차단하라. 산소실린더, 실린더 밸브, 연결 장치, 조정기, 호스 및 기구에는 기름, 유지 및 기타 인화성 또는 폭발성 물질이 없어야 한다. 산소실린더 또는 기구는 기름 묻은 손이나 장갑으로 취급하지 않아야 한다.

E10.3.1 산소는 연소하지 않지만, 연소를 강력하게 지원하고 촉진하여 재료를 매우 큰 강도로 연소시킨다. 산소가 있는 상태에서는 기름이나 유지는 쉽게 발화하여 격렬하게 연소할 수 있다.

10.3.2 산소 사용 금지. 산소는 압축공기의 대용물로 사용하지 않아야 한다. 공기압 도구, 기름 예열버너, 내연기관의 시동, 파이프라인 불어내기, 의복 또는 작업 먼지 제거, 환기 또는 이와 유사한 용도를 위한 압력 생성에 산소를 사용해서는 안 된다. 산소 분사로 기름

E10.3.2 이러한 금지는 맹렬한 산소 공급 화재가 발생할 가능성을 감소시킨다. 산소는 가연성이 아니지만 강력하게 연소를 지원한다. 산소는 옷에 흡착될 수 있다. 약간의 불똥으로 심한 화상을 입힐 수 있다.

묻은 표면, 기름기 있는 옷을 털거나 연료유 또는 기타 저장 탱크에 들어가는 것은 허용되지 않는다.

10.3.3 산소용 장비. 산소용 실린더, 장비, 도관 또는 기구는 어떤 다른 가스와도 서로 교환하여 사용할 수 없다.

E10.3.3 가연성 물질로 산소용 장비가 오염되면 산소 내에서 자연발화 또는 폭발을 유발할 수 있다.

10.4 가스 혼합을 위한 부착물. 버너 또는 토치를 제외하고, 가연성 가스를 소모하기 전에 공기 또는 산소와 가연성 가스의 혼합을 용이하게 하거나 허용하는 장치 또는 부착물은 그러한 목적으로 승인되지 않는 한 허용되지 않는다.

E10.4 이렇게 함으로써 폭발성 혼합물의 축적을 방지한다.

10.5 토치

10.5.1 승인. 승인된 토치만 사용해야 한다("승인"의 의미는 2.1절에 정의됨).

E10.5.1 토치에 대한 추가 정보는 『CGA E-5, *용접 및 절단용 토치 표준*』을 참조한다.

10.5.2 작동

10.5.2.1 연결부의 누출 시험. 연결부는 조립 후 및 토치를 점화하기 전에 누출 검사를 해야 한다. 검사에 불꽃을 사용해서는 안 된다.

E10.5.2.1 산소 연결부에 사용하기 위한 누출시험 용액은 상용화되어 있고 권장된다. 누출을 일으킬 수 있는 방식으로 장비를 사용한 후에는 누출시험을 반복해야 한다.

10.5.2.2 호스 퍼지. 매일 처음으로 토치를 점화하기 전에 호스를 개별적으로 퍼지(purge, 이물질 제거)해야 한다. 호스를 밀폐공간 내부로 또는 발화원 근처에서 퍼지해서는 안 된다. 실린더 교체 후에는 호스를 퍼지해야 한다.

E10.5.2.2 호스의 퍼지는 호스 내의 가연성 혼합물을 제거하기 위해, 각각의 가스가 해당 호스를 통해 별도로 흐르도록 구성되어 있다. 토치를 점화하기 전에 퍼지하는 것이 중요하다.

10.5.2.3 토치의 점화. 마찰식 라이터, 고정식 점화용 불꽃 또는 기타의 적절한 점화원을 사용해야 한다. 성냥, 담배 라이터 또는 용접 아크를 토치의 점화에 사용해서는 안 된다.

E10.5.2.3 이렇게 하는 것은 손과 손가락의 화상을 최소화하기 위한 것이다. 가스가 축적될 수 있는 작은 공동, 구멍, 가열로 등의 내부에 있는 뜨거운 금속으로부터 토치를 점화하거나 재점

토치 불꽃의 점화, 조절 및 소화 작업의 진행순서에 대하여는 제작업체의 절차를 따라야 한다.

10.5.2.4 밀폐공간. 밀폐된 공간에서는 점심시간이나 야간과 같이 토치를 사용하지 않을 때는 토치의 밸브를 닫아야 하며, 또한 밀폐 영역의 외부 지점에서 토치에 대한 연료가스와 산소의 공급을 완전히 차단해야 한다. 방치된 토치와 호스는 밀폐된 공간에서 치워야 한다.

화하려 하지 않아야 한다. 토치는 사람 또는 가연성 물질로부터 멀리 향하게 해야 한다.

E10.5.2.4 이는 가스 용접 또는 절단이 완료되었을 때 누출 또는 잘못 닫힌 밸브에 의해서 밀폐공간에 가스가 축적될 가능성을 최소화하기 위한 것이다. 밀폐된 공간에서 작업할 때 준수해야할 기타 주의사항은 이 기준의 7장「밀폐된 공간」을 참조한다.

10.6 호스 및 호스 연결

10.6.1 시방서. 산소연료가스용 호스는『고무제품제조업체협회 IP-7, *고무용접호스의 시방서*』를 준수해야 한다.

E10.6.1 금속피복 또는 금속보강 호스는 권장되지 않는다. 그러나 금속보강이 사용조건에 유리한 경우에는, 기계 또는 장치의 일부로서 그러한 금속보강이 내부 가스나 실외 대기에 노출되지 않는 호스를 사용할 수 있다.

10.6.2 색상. 산소연료가스용 호스는 관할기관의 규정에 따라 색상으로 구분해야 한다.

E10.6.2 미국에서 일반적으로 인정하는 색상은 연료가스용 호스는 빨간색, 산소 호스는 녹색, 불활성가스와 공기호스는 검정색이다.

10.6.3 테이프로 묶기. 편의와 엉킴을 방지하기 위하여 산소 호스와 연료가스 호스를 길이로 나란히 테이프로 묶을 때는 각 300mm (12in) 마다 100mm (4in) 를 초과하지 않도록 테이프로 감싸야 한다.

E10.6.3 이렇게 하면 호스의 2/3가 보이도록 남아서 색상을 식별할 수 있고, 호스가 누출되는 경우에 적절한 환기를 제공하여 가스 포집을 방지한다.

10.6.4 유지관리. 누출되거나, 불에 탔거나, 마모된 곳 또는 사용에 적합하지 않은 기타 결함을 보이는 호스는 수리하거나 교체해야 한다.

E10.6.4 검사 빈도는 사용량과 사용 정도에 따라 다르다. 조정기(레귤레이터)와 토치 연결부의 꺾이는 영역은 추가적인 응력으로 인해 균열 및 누출이 발생하기 쉽다.

10.6.5 호스 연결 시방서. 호스 연결은 표준 호스 연결 시방서인『CGA 팜플렛 E-1, *레귤레이터 연결표준*』을 준수해야

한다. 용접가스 라인용 호스 연결구는 호흡용 공기 연결구와 호환되지 않아야 한다.

10.6.6 호스 연결의 품질. 호스 연결부는 누출 없이 정상적으로 사용할 때 압력의 2배를 견딜 수 있도록 제작되어야 하며, 이 압력은 어떤 경우에도 2,070kPa (300psi)이상이어야 한다. 오일이 없는 공기나 또는 오일이 없는 불활성가스를 시험에 사용해야 한다.

10.6.7 장치. 승인된 장치만 산소연료가스 체계에 사용해야 한다("승인" 의 의미는 2.1절에 정의됨).

E10.6.7 호스 체크(역류방지)밸브 또는 역화방지기(건식안전기)와 같은 승인된 장치를 산소연료가스 용접 및 절단 토치 체계에 사용하는 경우에는 장치를 제조업체의 지침에 따라 사용하고 유지관리해야 한다.『CGA 팜플렛 E-2, *표준 호스연결구 시방서*』를 참조한다.

10.6.7.1 적절하게 승인된 역화방지기의 사용이 허용되어야 한다.

E10.6.7.1 역화방지기는 역화의 위험에 대한 특정 보호 수단을 제공할 수 있다. 이 보호기능을 유지하고 사용 중에 손상 또는 작동불능이 되지 않도록 하려면, 지정된 대로 사용 중 일상점검 계획을 따라야 한다. 또한 제조업체에서 제공한 지침에 지정된 대로 정기점검 계획을 따라야 한다.

다년간의 현장경험에 따르면 다양한 산소연료가스 토치는 제조업체가 권장하는 지침에 따라 운용하는 경우에 신뢰할 수 있고 안전한 장치라는 것을 보여 주었다. 특정 상황에서 사용자가 이러한 지침을 따르지 않으면 상류에 있는 장비로 원하지 않는 가스의 역류 또는 역화, 또는 둘 다를 일으킬 수 있다.

10.7 감압 조정기

10.7.1 승인. 승인된 감압 조정기만 사용하여야 한다("승인" 의 의미는 2.1절에 정의됨).

E10.7.1 『CGA E-4, *용접 및 절단용 가스 레귤레이터 표준*』을 참조한다.

10.7.2 지정된 사용. 감압 조정기는 표찰에 표시된 가스와 압력에만 사용해야 한다. 조정기 입구 연결부는 『ANSI/CGA 표준 V-1, *압축가스실린더 밸브출구 및 입구 연결구 표준*』을 준수해야 한다. 조정기는 지정된 사용 가스들 사이에 상호 교환해서는 안 된다.

E10.7.2 오염은 폭발 및 화재를 유발할 수 있다.

10.7.3 사용 전 검사. 조정기의 유니온 너트와 연결부는 조정기가 실린더 밸브나 호스에 부착될 때 누출을 유발할 수 있는 결함 받침을 찾기 위해 사용 전에 검사해야 한다. 손상된 너트 또는 연결부는 교체해야 한다.

10.7.4 산소 게이지. 산소용 게이지는 "기름 사용 금지" 표시를 해야 한다.

10.7.5 산소 레귤레이터. 조정기는 실린더 또는 다기관에 부착하기 전 또는 실린더 밸브를 열기 전에 산소를 배출해야 한다(그림 10.8.4.4 및 10.8.4.11 참조). 산소 실린더 또는 다기관 밸브는 항상 서서히 열어야 한다(10.8.4.3 및 10.8.4.4 참조).

E10.7.5 실린더에 연결된 조정기는 조정기 조정나사를 잠그고 실린더 밸브가 닫힌 상태에서 하류 라인을 대기 중으로 순간적으로 열었다가 닫음으로써 산소를 배출할 수 있다. 그런 다음에 실린더 밸브를 서서히 개방한다. 산소 실린더 또는 다기관의 배출구 연결은 조정기를 연결하기 전에 기름기와 보풀이 없는 깨끗한 천으로 말끔히 닦아내고, 실린더 밸브를 "순간개폐(cracking)"해야 한다. (10.8.4.3 참조.)

이러한 조치는 조정기가 높은 압력 원으로부터 가압될 때 산소 공급 조정기의 화재 가능성을 줄이는 데 도움이 된다.

10.7.6 유지보수. 게이지를 포함하여,

조정기 또는 조정기 부품이 수리가 필요한 경우에는 자격을 갖춘 정비기술자가 작업을 수행해야 한다.

10.8 압축가스 및 산소연료가스용 실린더 (컨테이너)

10.8.1 일반적인 실린더 규정

10.8.1.1 승인. 압축가스의 저장 및 운송에 사용되는 모든 휴대용 실린더는 미국교통부(DOT)의 49 CFR 173 규정에 따라 제작되고 관리되어야 한다.

10.8.1.2 충전 권한. 실린더의 소유자 또는 소유자가 승인한 인원 외에는 누구도 실린더를 충전해서는 안 된다.

10.8.1.3 가스 혼합. 가스공급업자 이외의 인원은 실린더 내에 가스를 혼합하거나 한 실린더에서 다른 실린더로 가스를 옮겨 넣어서는 안 된다.

10.8.1.4 내용물의 식별. 압축가스 실린더에는 가스 내용물을 식별할 수 있도록 『ANSI/CGA C-7, *압축가스용기의 예방적 상표 및 표기 처리지침*』에 따라 화학물질 또는 가스의 상품명 을 읽기 쉽게 표시해야 한다. 이러한 표시가 없거나 읽을 수 없는 실린더는 사용하지 않아야 한다. 이는 공급업체에 반환해야 한다.

10.8.1.5 표시의 변경. 실린더에 찍힌 숫자와 표시는 미국교통부(DOT)의 49 CFR 173 규정을 준수하는 경우를 제외하고는 변경할 수 없다.

10.8.1.6 연결부 연결. 압축가스 실린더는 『ANSI/CGA V-1, *압축가스 실린더 밸브출구 및 입구 연결구 표준*』을 준수

E10.8 용접 및 절단공정에 사용되는 압축가스 실린더는 일반적으로 약 17,237kPa (2,500psi) 압력의 가스를 담고 있지만 때로는 훨씬 더 높은 압력이 된다. 이러한 압력의 가스는 적절하게 취급하지 않으면 위험하다. 이 장에서 설명하는 절차는 심각한 손상, 부상 또는 사망으로 이어질 수 있는 누출 또는 폭발의 원인이 되는 가스 실린더의 손상이나 오용을 방지하기 위한 것이다.

하는 연결부를 장착해야 한다.

10.8.1.7 밸브 보호. 물 중량으로 용량이 13.6kg(30lb)를 초과하는 모든 실린더에는 밸브 보호용 캡을 연결하는 수단이나 밸브를 보호하기 위한 이음 고리(collar) 또는 홈이 장착되어 있어야 한다.

10.8.1.8 실린더 온도. 실린더 내용물의 저장온도는 52°C(125°F)를 초과하지 않아야 한다. 사용온도는 49°C(120°F)를 초과하지 않아야 한다.

E10.8.1.8 뜨거운 가스는 팽창하여 허용 한계 이상으로 압력을 높일 수 있다. 자세한 내용은 압축가스협회(Compressed Gas Association, CGA)에 문의한다.

10.8.1.9 손상된 실린더. 심각한 손상, 부식 또는 화재에 노출된 것이 증명된 실린더는 사용하지 않아야 한다.

10.8.2 실린더 저장

10.8.2.1 보호. 실린더는 물리적 손상 또는 조작에 노출되지 않고, 내용물이 10.8.1.8의 한계를 초과하는 온도에 노출되지 않는 장소에 보관해야 한다.

실린더는 통과하거나 낙하하는 물체에 의해 넘어지거나 손상되지 않도록 엘리베이터, 계단, 또는 통로에서 떨어진 지정된 장소에 보관해야 한다. 실린더는 낙하를 방지하기 위해 보관 시에 고정해야 한다.

E10.8.2.1 저장 위치를 고려할 때, 상부의 전선과 배관과 같은 상부 가연물, 매달린 천정 재료 등을 확인한다. 보관 장소는 환기가 잘되어 실린더 누출 시에 유해 가스가 축적되지 않도록 해야 한다.

10.8.2.2 가연물로부터 실린더의 격리. 보관 중인 실린더는 인화성 및 가연성 액체와 나무, 종이, 포장재, 기름 및 유지 등과 같이 쉽게 발화하는 물질로부터 6m (20ft) 이상 떨어지거나, 한 시간 반 이상의 내화성능을 가진 1.6m (5ft) 이상 높이의 불연성 차단벽으로 격리해야 한다.

E10.8.2.2 열로 인해 압력이 상승하고 실린더가 파열되거나 보호 장치가 작동할 수 있다.

10.8.2.3 연료가스로부터 산소의 격리. 보관 중인 산소 실린더는 연료가스 실린더 또는 탄화칼슘의 예비 저장소로부터 10.8.2.2에서 설명한 거리 또는 차단벽으로 추가로 격리해야 한다.

10.8.2.4 아세틸렌 발생기 건물 내의 산소. 아세틸렌 발생기 건물 내에 보관된 산소실린더는 한 시간 이상의 내화성능을 가진 불연성 칸막이로 발생기 또는 탄화물 저장실과 격리되어야 한다. 이 칸막이는 개구부가 없어야 하며 가스가 누출되지 않아야 한다.

아세틸렌 발생기실 내부에 산소를 저장해서는 안 된다.

10.8.2.5 연료가스 실린더 바로 세우기. 아세틸렌 및 액화가스 실린더는 밸브 끝을 위로 세워 사용해야 한다.

E10.8.2.5 이렇게 하면 호스와 조정기로 액체가 흘러 들어가는 것을 방지한다.

10.8.2.6 연료가스 저장용량 제한. 연료가스 저장용량의 제한은 『NFPA 51, *용접, 절단 및 연관공정을 위한 산소-연료가스체계의 설계 및 설치를 위한 표준*』에 따라야 한다,

10.8.3 실린더 취급

10.8.3.1 거친 취급. 실린더, 밸브 또는 안전장치가 손상될 정도로 실린더를 떨어뜨리거나 두드리거나, 실린더로 다른 물체를 강하게 타격하는 것을 허용해서는 안 된다.

10.8.3.2 지렛대. 실린더가 바닥에 얼어붙거나 다른 이유로 고정된 경우에 실린더를 들어 올려 느슨하도록 하기 위해 밸브 또는 밸브 보호 뚜껑 아래에 지렛대를 사용하지 않아야 한다.

E10.8.3.2 따뜻한(끓지 않는) 물을 사용하는 것이 좋다.

10.8.3.3 굴림대(roller) 또는 지지대. 실린더는 가득 차있든 비어있든 굴림대나 지지대로 사용해서는 안 된다.

10.8.3.4 안전장치. 안전장치를 함부로 변경해서는 안 된다.

10.8.3.5 밸브 차단. 실린더 밸브는 실린더를 이동하기 전에 닫아야 한다.

10.8.3.6 밸브 보호 뚜껑(캡). 실린더에 보호뚜껑을 달도록 설계된 경우에는, 밸브 보호 뚜껑을 항상 제자리에 두고 손으로 조여야 한다(실린더가 사용 중이거나 사용하기 위해 연결된 경우 제외).

E10.8.3.6 실린더 밸브 보호 뚜껑(캡)은 조정기가 제거될 때 재조립될 수 있도록 실린더와 함께 보관되어야 한다.

10.8.3.7 손으로 들어 올리기. 밸브 보호 뚜껑은 실린더를 들어 올리는 데 사용해서는 안 된다.

10.8.3.8 들어 올리는 장비. 크레인 또는 데릭으로 실린더를 운반할 때는 운반구(cradle)나 적절한 작업대(platform)를 사용해야 한다. 맬줄(sling) 또는 전자석을 이러한 목적으로 사용해서는 안 된다.

10.8.3.9 실린더 운송. 실린더를 차량으로 운송할 때는 필요한 경우 도로교통법에 따라 고정하여 운송해야 한다.

E10.8.3.9 승용차와 같이 가스가 누출되어 객실이나 트렁크 내부에 축적될 수 있는 차량 내부로 연료가스 실린더를 운반하는 것은 특히 위험하다. 문이나 트렁크를 열면 전등 스위치가 활성화되어 축적된 가스를 점화하여 치명적인 폭발을 유발하는 역할을 할 수 있다.

10.8.3.10 조정기가 부착된 실린더. 조정기가 부착된 상태로 실린더를 이동시켜야 하는 경우에는, 이동 시 실린더를 제자리에 고정하고 실린더 밸브는 닫아 두어야 한다.

10.8.4.1 압력 조정기. 압축가스는 사

용하는 장비가 최대 실린더 압력을 견디도록 설계되어 있지 않으면, 실린더 밸브 또는 다기관에 부착된 적절한 조정기를 통해 압력을 감소시키지 않고는 실린더에서 결코 사용해서는 안된다.

10.8.4.2 최대 아세틸렌 압력. 아세틸렌을 계기압력 103kPa(15psig) 또는 절대압력 206kPa(30psia)를 초과하는 압력에서 사용할 수 없다. 이 요구사항은 미국 교통부(Department of Transportation, DOT)의 요구조건에 따라 제조되고 관리되는 실린더 내의 적절한 용매에 용해된 아세틸렌의 저장 또는 화학적 사용을 위한 아세틸렌에는 적용되지 않는다.

E10.8.4.2 아세틸렌은 이러한 압력 한계 이상에서는 해리(폭발적인 맹렬한 분해)할 수 있다. 절대압력 206kPa(30psia) 제한은 케이슨, 지하굴착 또는 터널공사 등과 같은 가압 공간에서 아세틸렌의 안전하지 않은 사용을 방지하기 위한 것이다.

10.8.4.3 실린더밸브의 "순간개폐(cracking)". 실린더 밸브에 조정기를 연결하기 전에, 밸브 배출구를 기름기와 보풀이 없는 깨끗한 천으로 말끔히 닦아내고 밸브를 순산적으로 열었다가 즉시 잠가야 한다.

배출구의 한 쪽 옆에 서서 밸브의 순간개폐를 해야 하며, 절대 배출구 앞에 있지 않아야 한다. 연료가스 실린더 밸브는 다른 용접작업 근처 또는 스파크, 화염 또는 기타 발화원 근처에서는 순간개패를 하지 않아야 한다.

E10.8.4.3 일반적으로 순간개폐(cracking)라 부르는 이 작업은, 그렇게 하지 않으면 조정기로 들어갈 수 있는 먼지와 오물을 밸브에서 제거하기 위한 것이다.

10.8.4.4 산소 실린더에 대한 특별한 절차. 조정기를 산소 실린더에 부착한 후 다음 사항을 수행해야 한다.

(1) 가스를 조정기로부터 배출하기 위해 조정 나사를 조이고 하류 라인을 개방한다.
(2) 조정나사를 풀고 밸브를 완전히 열기 전에 조정기의 실린더 압력계 바늘이 천천히 위로 움직이도록 실린더 밸브를

E10.8.4.4 고압의 산소가 갑자기 가해지면 조정기의 구성품에서 발화되어 작업자가 다칠 수 있다. 추가의 정보는 CGA 팜플렛 E-4를 참조한다.

약간 연다.

(3) 실린더 밸브를 열 때는 게이지의 앞면이 아니라 조정기의 한 쪽 옆에 서야 한다.

10.8.4.5 망치 또는 렌치. 수동 핸들이 장착된 실린더 밸브를 열 때 망치나 렌치를 사용해서는 안 된다.

10.8.4.6 특수 렌치. 고정식 수동 핸들이 없는 실린더는 비상 시 가스 흐름을 신속하게 차단할 수 있도록 이러한 실린더가 작동 중인 동안에 밸브 스템에 열쇠, 핸들 또는 비조정식 렌치가 있어야 한다. 다중 실린더 설비에서는 적어도 하나의 이러한 렌치가 항상 즉시 사용할 수 있어야 한다.

10.8.4.7 밸브의 완전 개방. 액화하지 않은 고압가스 실린더를 사용하는 경우에는, 밸브 스템 주변의 누출을 방지하기 위해 밸브를 완전히 열어야 한다.

10.8.4.8 밸브의 부분 개방. 아세틸렌 실린더 밸브는 제조업체에서 달리 명시하지 않는 한, 대략 1.5 회전 바람직하게는 3/4 회전을 초과하여 열지 않아야 한다.

E10.8.4.8 이는 비상시에 신속히 닫을 수 있도록 하기 위함이다.

10.8.4.9 간섭. 사용 중인 실린더 위에는 안전장치를 손상시키거나 밸브를 빨리 닫는 데 방해되는 아무것도 올려놓아서는 안 된다.

10.8.4.10 밸브 닫기. 장비를 방치할 때는 언제나 실린더 밸브를 닫아 두어야 한다.

10.8.4.11 조정기의 방출. 조정기를 실린더에서 제거하기 전에, 실린더 밸브를 닫고 조정기로부터 가스를 방출시켜

야 한다.

10.8.4.12 사용 중인 실린더의 고정. 사용 중인 실린더가 넘어지지 않도록 적절한 실린더 운반구, 쇠사슬 또는 고정 장치를 사용해야 한다.

10.8.4.13 화재 예방. 실린더는 불꽃 튐(스파크), 고온 슬래그 또는 화염이 실린더에 닿지 않도록 용접 또는 절단 작업이 이루어지고 있는 곳으로부터 충분히 멀리 떨어져 있어야 한다. 그렇지 않으면 내화 차폐를 해야 한다.

10.8.4.14 전기 회로. 실린더는 전기 회로의 일부가 될 수 있는 위치에 두어서는 안 된다. 송전용 제3 레일, 양중기 전선(트롤리 와이어) 등과의 접촉을 피해야 한다. 실린더는 아크 용접기에서와 같이 전기 회로를 접지하는 데 사용할 수 있는 라디에이터, 배관 체계, 용접물 배치 작업대 등에서 멀리 떨어져 있어야 한다. 실린더를 용접봉으로 똑똑치는 것은 금지된다. 실린더 표면에 아크를 켜서는 안 된다.

E10.8.4.14 실린더는 전기 회로의 일부가 될 수 있는 위치에 접지되거나 배치되지 않아야 한다. 아크로 손상된 실린더는 누출되거나 폭발할 수 있다.

10.8.4.15 연료가스 실린더의 배출 속도. 가스 실린더의 가스 배출 속도는 제조업체의 권장 속도를 초과하지 않아야 한다.

E10.8.4.15 아세틸렌의 경우, 과도한 배출 속도는 실린더에서 아세톤의 방혈(放血)을 초래할 수 있다. 일부 재료는 아세톤에 의해 손상되어 누출을 일으킬 수 있다. 아세틸렌의 안정성이 감소될 수 있다. 액화 연료가스의 경우, 과도한 배출 속도는 냉각의 원인이 된다.

10.8.5 실린더의 비상상황

10.8.5.1 연료 밸브 패킹 누출. 연료가

E10.8.5.1 누출은 산소 결핍 또는 폭발성 대기로 이어질 수 있다.

스 실린더의 밸브 스템 주위에서 누출이 발견되면 패킹 너트를 조이거나 실린더 밸브를 닫아야 한다.

10.8.5.2 멈출 수 없는 연료가스 누출. 패킹 너트를 조여도 밸브 스템 누출이 멈추지 않거나 연료가스 밸브가 밀폐 부분에서 누출되어 밸브를 단단히 잠가도 누출을 멈출 수 없거나 실린더 퓨즈 플러그 또는 기타 안전장치에서 누출이 발생되는 경우에는, 연료가스 실린더를 모든 발화원에서 멀리 떨어진 옥외의 안전한 장소로 옮기고, 적절하게 표시한 후에 공급업체에 알려야 한다.

누출되고 있는 실린더를 옥외 장소로 안전하게 이동할 수 없는 경우에는 그 구역이나 건물을 즉시 비우고 소방서에 비상 상황을 알려야 한다.

주의표지를 게시하여 누출되는 실린더에 담뱃불이나 점화원이 접근하지 않도록 해야 한다.

E10.8.5.2 옥외에서는 실린더 밸브를 약간 열어 서서히 내용물을 방출할 수 있다.

10.8.5.3 연료 실린더 화재. 일반적으로 10.8.5.1 및 10.8.5.2에 설명한 누출의 점화로 인해 발생하는 연료가스 실린더의 소형 화재는, 가능하면 실린더 밸브를 닫거나 물, 젖은 천 또는 소화기를 사용하여 진화해야 한다. 그런 다음에 이들 절에서 설명한 대로 누출을 처리해야 한다.

퓨즈 플러그 또는 안전장치가 작동할 정도로, 연료가스 실린더에서 대형 화재가 발생한 경우에는 인원을 화재 구역에서 대피시키고, 실린더를 차가운 상태로 유지하기 위해 다량의 물줄기로 젖은 상태를 유지해야 한다.

E10.8.5.3 일반적으로 유출되는 가스를 소모하도록 불이 계속 타도록 하는 것이 좋다. 그렇지 않으면 폭발적으로 맹렬하게 다시 점화할 수 있다. 상황이 허락한다면, 실린더 화재는 실린더를 이동하려고 시도하는 것보다 제자리에서 다 타도록 두는 것이 오히려 더 나은 경우가 많다.

실린더 화재가 제자리에서 타도록 허용되지 않는 곳에서 발생한 경우에는 안전한 장소, 되도록이면 옥외로 옮기려는 시도를 할 수 있다. 인원은 가능한 한 멀리 떨어져 있어야 하며, 실린더는 물줄기로 차가운 상태를 유지하도록 해야 한다.

10.9 실린더 다기관(Manifolding)

10.9.1 승인. 미국교통부(DOT)의 사용압력이 계기압력 1,724kPa(250psig) 이상인 산소 실린더와 함께 사용하기 위한 연료가스 다기관 및 고압 산소 다기관은 각 구성 부품별로 각각 승인을 받거나 조립된 단위로 승인을 받아야 한다.

10.9.2 가스 공급. 모든 다기관 및 부품은 승인된 가스에만 사용해야 한다.

10.9.3 연료가스 다기관의 용량 제한 및 위치. 연료가스 다기관의 용량 제한 및 위치는 NFPA 51에 따라야 한다.

E10.9.3 NFPA 51은 하나의 다기관에 연결된 연료가스 실린더에 대한 실내 한도로서 총 비액화 가스 용량을 84m^3 (3000ft^3)로 설정하였다. 이 제한의 이론적 근거는 가로와 세로가 100ft와 100ft에 15ft의 천장고를 가진 일반적인 건물(150,000ft^3 로 4,200m^3)은 3,000ft^3 의 아세틸렌 누출을 포함할 수 있으며 균일하게 분포될 경우에는 폭발 한계점의 하한을 초과하지 않을 수 있다는 것이다. 아세틸렌은 일반적으로 사용되는 연료가스 중에서 가장 낮은 폭발 한계점을 가지고 있다. 자세한 내용은 NFPA 51을 참조한다.

10.9.4 산소 다기관의 용량 제한 및 위치. 산소 다기관의 용량 제한 및 위치는 NFPA 51에 따라야 한다.

10.9.5 다기관 요구조건. 연료가스 및 산소의 다기관 요구조건은 NFPA 51에 따라야 한다.

10.9.6 다기관의 설치 및 작동. 다기관의 설치 및 작동은 NFPA 51에 따라야 한다.

11. 아크 용접 및 절단 장비의 안전

11.1 일반사항

11.1.1 범위. 이 장에서는 아크용접 및 절단 장비의 설치 및 작동에 특정한 안전 주의사항이 포함되어 있다.

11.1.2 장비. 아크용접 및 절단 장비는 11.2절에 규정된 대로 선택하고, 11.3절의 규정대로 설치하여야 한다.

E11.1.2 아크용접에 사용되는 가스 장비는 10장「산소연료가스 용접 및 절단의 안전」에 설명된 대로 취급해야 한다. 11.5.5를 참조한다.

11.1.3 인원. 장비를 담당하거나 아크 용접 및 절단 장비를 작동하도록 지정된 사람은 해당 장비를 유지 관리하거나 작동할 수 있는 적절한 교육을 받아서 자격을 갖추고 작업 책임에 대해 적격한 것으로 승인을 받아야 한다. 아크용접 및 절단 장비의 작동 및 유지 관리에 관한 규칙과 설명서는 쉽게 접할 수 있어야 한다.

11.2 아크용접 장비 선택의 안전성 측면

11.2.1 안전성 기준. 아크용접용 장비의 설계에서 안전성은 해당 NEMA 및 ANSI의 기준을 준수해야 한다. 위에 언급한 기준이 적용되지 않는 특수 목적 기계는 모든 면에서 이 표준에 명시된 기준에 따라야 한다.

11.2.2 환경조건. 교류(AC) 또는 직류(DC) 아크 용접기를 사용할 때 용접작업자는 감전 위험이 높은 환경에서 작업할 경우에는 감전을 방지하기 위해 특별한 주의를 해야 한다.

E11.2.2 물 또는 땀은 감전 위험이 높은 환경을 조성할 수 있다. 비전도성 장갑, 의복 및 신발을 착용하고 전기가 흐르는 전기 부품과 접촉을 피하면 감전을 예방할 수 있다.

감전의 위험이 증가하는 환경의 다른 예로는 작업자가 전도성 부품과 물리적으로 접촉하여 갑갑한(무릎 꿇은, 앉은,

누운) 자세로 작업을 수행하도록 강요당하여 이동의 자유가 제한되는 장소와 전도성 요소에 의해 완전히 또는 부분적으로 제한을 받아 작업자가 피할 수 없거나 우발적으로 접촉할 위험이 높은 장소이다. 이러한 위험은 작업자 근처에 있는 전도성 부품을 절연함으로써 최소화할 수 있다.

감전의 위험이 높은 환경에서 상당한 작업 시간이 소요되는 경우에는, 자동 제어기를 사용하여 무부하 전압을, 정격입력전압에서 교류 38볼트 rms 또는 직류 50볼트를 초과하지 않는 값으로 줄이는 것을 권장한다.

이 권장사항은 또한 11.2.3.1에도 적용된다. 감전 위험이 증가하는 환경은 『ANSI/IEC 60974-1, *아크용접 장비-제1부: 용접 전원*』에 정의되어 있다.

11.2.3 기타 조건

11.2.3.1 개방 회로 전압(특수 공정). 특수용접 및 절단공정에서 『ANSI/IEC 60974-1, 아크용접 장비 - 제1부: *용접 전원*』에 규정된 것보다 더 높은 개방 회로 전압이 필요한 경우에는 작업자가 위험한 전압과 접촉하는 것을 막기 위해 적절한 절연 또는 기타의 수단을 제공해야 한다.

E11.2.3.1 플라즈마 아크절단 등의 일부 공정은 최대 400볼트 직류의 개방 회로 전압을 사용할 수 있다. 높은 개방 회로 전압이 있는 경우에는 예방조치로 딱지를 붙이거나 작업장 현수막 또는 특별 직원교육을 고려해야 한다. 11.2.2를 참조한다.

11.2.3.2 접지된 외함(Enclosure)에 작업 단자의 접속. 작업물은 11.3.2에 따라 접지하여야 한다. 접지된 전원 외함에 접속하여 자체적으로 접지하는 전원 단자에 작업 전선을 접지하는 실무 방식에

E11.2.3.2 작업 단자를 전원 외함에 접속하는 실무 방식은 권장되지 않으며 피해야 한다. 용접 작업자가 실수로 작업 겸자(clamp)와 작업물 사이의 접속을 제거하여 용접 전류가 전기 계통의 접지

따른 설비의 경우에는, 전원 단자는 전원 외함의 접지 도체보다 직경이 작은 도체(최소 2 와이어 게이지 이상)로 접지된 전원 외함에 접속되어야 하며, 단자에는 접지되었음을 나타내는 표시를 해야 한다. 어떠한 경우에도 작업 전선 단자와 접지된 전원 외함 사이의 접속을, 의도적으로 작업용 전선 대신 사용하여 용접 전류를 전송해서는 안 된다.

도체를 통해 흐르게 할 가능성이 있다. 접지 도체를 통해 용접 전류가 흐르지 않도록 조치를 취해야 한다. 접지 도체의 크기는 다른 용도로 정해진 것이다. 용접 영역 또는 전원 망 내의 일부 접지 도체에 용접 전류가 너무 높을 수 있다.

11.2.3.3 용접 단자. 용접 전선용 단자는 사람 또는 차량, 크레인 후크 등의 금속 물체에 의한 우발적인 전기 접촉으로부터 보호되어야 한다.

E11.2.3.3 보호조치는 플러그 연결용 소켓을 이용하는 데드 프론트 방식(dead front construction)을 사용하거나, 오목한 개구부 또는 제거할 수 없는 힌지 덮개 속에 단자를 배치하거나, 두꺼운 절연 슬리브 또는 이 요구조건을 충족하는 기타 동등한 기계적 수단으로 달성할 수 있다.

11.2.3.4 휴대용 제어 장치. 작업자가 휴대하는 누름단추와 같은 휴대용 제어 장치에 대한 접속부는 120볼트 이상의 교류 회로에 접속해서는 안 된다. 50볼트 이상의 회로에서 작동하는 휴대용 제어 장치의 노출된 금속 부분은 제어 전선의 접지 도체로 접지해야 한다.

E.11.2.3.4 NFPA 79를 참조한다.

11.2.3.5 자동변압기. 자동변압기 또는 교류 리액터를 전압이 80볼트를 초과하는 어떠한 1차 교류 전원에서도 용접 전류를 직접 끌어오는 데 사용해서는 안 된다.

11.2.3.6 장비의 전력 부하. 선정한 정격 전류가 아크용접 장비에 적용할 때 작업을 처리하기에 적합한지를 확인하는 데 주의를 기울여야 한다. 용접기는 제조업체가 지정한 정격 전류 및 해당

E11.2.3.6 정격 전류 또는 정격 부하율을 초과하여 용접기를 사용하면 과열이 발생하여 절연체가 조기에 열화되고 감전 위험이 증가한다. 짧은 전선 또는 낮은 아크 전압으로 용접하는 경우에

정격 부하율을 초과하여 작동해서는 안 되며 제조업체가 지정한 것 이외의 용도에 사용해서는 안 된다.

는 실제 용접전류가 용접기 계기판에 표시된 것보다 높을 수 있다는 점을 고려해야 한다. 특히 가스 텅스텐 아크용접과 같은 낮은 아크 전압 공정을 범용 용접기에서 사용할 때 높은 과전류는 발생하기 쉽다.

11.2.3.7 용접 전선. 용접 전선은 용접용으로 특별히 엄격하게 설계된 유연성이 있는 유형이어야 하며 합리적으로 예상되는 전류 및 부하율에 적합한 크기여야 한다. 고전압, 고주파 발진기를 포함한 장비와 함께 사용하는 전선의 절연에 특별한 주의를 기울여야 한다.

E11.2.3.7 또한 11.2.3.6을 참조한다. 자세한 추가의 정보는 11.5.4를 참조한다.

11.3 아크용접 장비의 설치

11.3.1 기준의 요구사항. 접지, 필요한 접속차단, 퓨즈 및 인입 전력선의 유형을 포함한 설치는 현행 『NFPA 70, *미국 전기기준®*』 및 모든 지역 기준의 요구사항에 따라야 한다.

11.3.2 작업물. 접지되지 않은 작업물에 작업해도 안전하다고 자격을 갖춘 사람이 보장하지 않는 한, 용접공이 용접하는 공작물 또는 금속은 용접 전선과 별개로 양호한 전기적 접지물에 접지되어야 한다.

E11.3.2 작업 단자를 접지할 때 작업물이 분리되어 접지되지 않도록 주의해야 한다 (11.3.2.1 참조). 용접을 시도하기 전에 작업자는 작업 전선이 제대로 접속되었는지를 확인해야 한다. 이것은 용접 전류가 다른 장비의 접지 도체 체계로 잘못 전송될 가능성을 제거한다. 잘못된 방향으로 흐르는 용접 전류는 전류 용량이 충분하지 않은 도체를 손상시킬 수 있다. 『NFPA 70, *미국 전기기준®*』의 630.15 조항을 참조한다.

11.3.2.1 접지. 접지는 접지된 금속 바닥 또는 작업대에 작업물을 배치하거나 접지된 건물 골조 또는 기타 적절한 접지물에 접속하여 이루어져야 한다. 용

E11.3.2.1 작업 전선과 작업 전선 겸자(clamp)는 때때로 "접지선"과 "접지 겸자"로 잘못 불린다. 작업 전선과 접지선은 같지 않다. 작업 전선을 접지선이라

접 전류는 접지 도체가 안전하게 전송할 수 있는 전류보다 더 클 수 있으므로, 단지 안전을 위한 접지의 접속부를 통해 용접 전류가 흐르지 않도록 주의해야 한다.

고 불러서는 안 된다. 작업 전선은 작업물에 직접 접속하는 것이 좋다. 따라서 전선을 "접지선"으로 또는 접속부를 "접지 겸자"라고 부르는 것은 부적절하다. 작업 겸자는 접지된 전원 프레임의 어느 부분에도 물려서 축전되어서는 안 된다. 전기 시스템 및 회로 도체의 접지는 낙뢰, 선로 전압의 급상승 또는 더 높은 전압 선로와 의도하지 않은 접촉으로 인한 전압을 제한하고 정상 작동 중에는 접지에 대한 전압을 안정화하기 위해 이루어진다.

접지는 또한 지락이 발생할 경우에 과전류 장치의 작동을 용이하게 한다. (『NFPA 70, *미국 전기기준®*』의 250.4 참조.) 작업물, 장비의 외장, 금속 캐비닛 및 프레임 또는 장비의 일부를 구성하는 기타 전도성 소재의 접지는 이러한 항목의 접지 전압을 제한하기 위해 이루어진다. 접지를 하여 전압을 제한하면 장비가 잘못 연결되거나 절연이 실패할 경우에 우발적인 감전을 방지하는 데 도움이 된다. (『NFPA 70, *미국 전기기준®*』의 250.4 참조.)

해군의 선박 시스템에 사용되는 것과 같은 비접지 공급 시스템과 함께 사용되는 장비는 관할기관의 요구사항에 따라 접속해야 한다.

고주파 아크 안정기를 사용하는 장비에는 특수 무선 주파수 접지가 바람직할 수 있다. (『NEMA 1970, *아크용접 장의 고주파 안정화된 아크용접기를 위한 권장 설치 및 시운전 절차*』를 참조.)

11.3.2.2 작업 전선. 용접 전류는 충분한 전류 용량을 가진 전선을 통해 용접기로 복귀되어야 한다. 그러나 용접기에서 작업물이 놓이거나 작업물이 연결된 공통의 도체 또는 적절한 결합 구조에 전선을 접속하는 것은 허용하는 대체 절차여야 한다. 2차 회로에 Y자형으로 연결된 3상 전원 회로에 입력이 델타 방식으로 연결된 3개 그룹으로 구성된 단상 교류 용접기는 3개 장치의 중립선에서 용접되는 구조물까지 단일 작업 전선을 사용할 수 있어야 한다.

작업 전선은 하나 이상의 용접기의 정격 전류에 적합한 크기의 단일 전선을 사용해야 한다.

E11.3.2.2 전압 및 감전에 대한 고려사항은 11.3.6을 참조한다. 허용되는 대체 절차에서는 다른 전기적 연결이나 경로가 존재하지 않도록 주의해야 한다.

11.3.3 도관 및 배관 접지의 제한. 작업 전선 회로를 완성하기 위해 전기 도체를 포함한 도관을 사용해서는 안된다. 배관망을 용접 회로의 영구적인 부분으로 사용할 수는 없지만, 건설, 확장 또는 보수 중에 나사형 조인트, 플랜지 볼트 조인트 또는 코킹 조인트를 통해 전류가 흐르지 않으면 사용할 수 있다. 또한 작업 전선 접속부에서 스파크가 발생하지 않도록 특별한 예방 조치를 취해야 한다.

E11.3.3 의도하지 않게 조인트를 통과하는 전류는 과열점을 발생시킬 수 있다. 이러한 과열점은 보이지 않는 화재나 폭발로 이어질 수 있다. 다른 주의사항들은 11.4를 참조한다.

11.3.4 작업 전선 접속 금지. 체인, 와이어 로프, 크레인, 호이스트 및 엘리베이터는 용접 전류를 전달하는 데 사용해서는 안 된다.

E11.3.4 11.4.9.2 참조.

11.3.5 구조물 내의 전기적 연속성. 건설 또는 개수 중에 건물 또는 기타 제작된 금속 구조물을 용접 전류 복귀 회로에 사용할 때 모든 접합부에 적절한 전기적 접촉이 존재하는지를 확인해야 한다. 어느 지점에서나 스파크 또는 가열이 발생

E11.3.5 진행하기 전에 소유자 또는 책임자로부터 승인을 받아야 한다.

하면 구조물을 복귀 회로로 사용하지 못하는 원인이 된다.

11.3.6 감전 위험을 최소화하기 위한 접속. 용접공들이 한 구조물에서 서로 충분히 가까이 작업하고 있고 누군가 두 개 이상의 용접봉 홀더의 노출된 부분을 동시에 접촉할 가능성이 있는 경우에는 다음과 같이 용접기를 접속하여 감전 위험을 최소화해야 한다.

11.3.6.1 직류 용접기. 특별한 경우가 아닌 한 모든 직류 용접기는 동일한 극성으로 연결되어야 한다.

E11.3.6.1 연결이 올바른지를 알아내기 위해 테스트 램프 또는 전압계를 사용할 수 있다. 11.3.6.3을 참조한다.

11.3.6.2 교류 용접기. 특별한 경우가 아닌 한 모든 단상 교류 용접기는 전원 회로의 동일한 위상과 동일한 순간 극성으로 연결되어야 한다.

E11.3.6.2 전압계를 사용하여 연결이 올바른지를 확인할 수 있다(11.3.6.3 참조).

11.3.6.3 특별한 경우. 작업자 및 기타 구역 담당자는 둘 이상의 용접봉 홀더의 노출된 부분에 동시에 접촉하는 것을 피해야 하는 중요성에 대해 교육을 받아야 한다.

E11.3.6.3 하나의 구조물에 대한 작업에 여러 대의 용접기를 사용하는 경우에, 직류 용접 공정에서는 두 극성 모두의 사용이 필요할 수 있으며, 교류 용접에서는 공급 회로의 한계로 인해 공급 회로의 위상 사이에서 용접기를 분산할 필요가 있을 수 있다. 용접봉 홀더 사이의 무부하 전압은 직류에서는 정상의 2배, 교류 용접기에서는 정상의 1배, 1.41배, 1.73배 또는 2배이다. 교류와 직류 용접이 모두 동일한 구조물에서 이루어지는 경우에도 유사한 전압 차이가 존재할 것이다.

11.4 작동

E11.4 이 절은 모든 아크 용접 및 절단 공정에 적용한다.

11.4.1 작업자 교육. 아크 용접 장비를 작동하거나 유지 관리하도록 배정된 작업자는 할당받은 작업에 적용할 수 있는

E11.4.1 특히 관심을 가져야 할 부문은 4장 「인원 및 일반 구역의 보호」, 5장 「환기」, 6장 「화재 예방 및 소방」이다.

이 기준의 해당 부분을 숙지시켜야 한다.

11.4.2 접속 확인. 용접기에 대한 접속부를 조립한 후에는 작업을 시작하기 전에 조립된 각 접속부가 올바르게 구성되었는지를 확인하기 위해 점검해야 한다. 또한 작업 전선은 작업물에 단단히 부착해야 하며, 자성 작업겸자는 접촉 표면에 접착성 금속 입자와 스패터가 없어야 한다.

E11.4.2 국부 가열을 방지하기 위해 깨끗하고 단단한 접속이 필요하다. 미주 전류와 감전 또는 합선을 방지하려면 적절하게 절연되고 건조한 접속부가 필요하다.
과열 및 절연 손상을 방지하기 위해 용접 전선의 감긴 부분을 최소로 하고 남은 부분은 사용 전에 펴두어야 한다. 긴 전선과 짧은 전선이 번갈아 필요한 작업에서는 필요 없을 때 쓰지 않는 길이를 분리할 수 있도록 절연된 연결 소켓을 장착해야 한다.

11.4.3 용접기 프레임의 접지. 용접기 프레임의 접지를 점검해야 한다. 휴대용 용접기의 안전한 접지 연결에 특별한 주의를 기울여야 한다. 『NFPA 70, *미국 전기 기준®*』, 조항 250, 접지를 참조한다.

11.4.4 누출. 용접사의 안전에 악영향을 미칠 수 있는 냉각수, 차폐 가스 또는 엔진 연료의 누출이 없어야 한다.

E11.4.4 습기는 전류를 전달할 수 있고 감전의 가능성을 증가시킬 수 있으며, 차폐 가스는 질식을 일으킬 수 있으고 연료는 폭발이나 화재를 유발할 수 있다.

11.4.5 안전 작동 지침. 장비의 안전한 작동에 관한 서면 규칙 및 지침이 용접공에게 제공되어야 하며 엄격히 준수하도록 해야 한다.

11.4.6 작업의 중단. 용접공이 작업을 완료하거나 상당한 시간 동안 중지할 경우에는 장비 또는 용접기의 출력을 끄거나 전원을 차단해야 한다.

11.4.7 용접기의 이동. 용접기를 이동할 때는 장비에 입력되는 전원 공급을 전기적으로 차단해야 한다.

11.4.8 사용하지 않는 장비. 장비를 사용하지 않을 때는 금속 및 탄소 용접봉을 홀더에서 제거하여 사람이나 전도성 물체와의 전기적 접촉 위험을 제거해야 한다. 장비를 사용하지 않을 때 용접봉 홀더는 사람, 금속 또는 젖은 흙, 가연성 액체 또는 압축 가스 실린더와 같은 전도성 물체와 전기적으로 접촉하지 않도록 놓아두어야 한다. 장비를 사용하지 않을 때는 반자동 용접기의 용접총을 스위치가 우발적으로 작동되지 않도록 배치해야 한다.

11.4.9 감전. 용접공은 감전을 방지하는 훈련을 해야 한다. 원인 불명의 감전은 용접을 계속하기 전에 감독자에게 보고하여 조사 및 수정을 해야 한다. 아크 용접에 필요한 전압을 가진 장비로 작업할 때는 항상 안전한 절차를 준수해야 한다.

E11.4.9 보석 및 의류 중에서 전도성 물품(시계줄, 팔찌, 반지, 열쇠고리, 목걸이, 금속 앞치마, 전도성 실로 된 천 또는 금속 모자 등)은 노출된 통전 부분과 접촉할 수 있는 경우에는 착용해서는 안 된다. 그러나 그러한 물품은 덮개, 포장 또는 기타 절연 수단으로 비전도성이 된 경우에는 착용할 수 있다.

11.4.9.1 전기가 흐르는 금속 부분. 용접공은 용접봉, 홀더 또는 기타 장비의 전기가 흐르는 금속 부분이 맨살 또는 신체를 감싼 젖은 피복과 접촉하는 것을 절대 허용해서는 안 된다.

11.4.9.2 절연. 용접공은 건조한 절연재로 작업물 또는 지면과의 전기적 접촉으로부터 자신을 보호해야 한다. 특히 앉은 자세 또는 엎드린 자세에서 작업할 때는 절연재를 통해 넓은 면적의 접촉으로부터 보호해야 한다.

E11.4.9.2 작업자가 용접 또는 절단 작업 중에 사다리 위에 있어야 하는 경우에는, 사다리는 비전도성이거나 아니면 작업물과 지면으로부터 절연되어야 한다. 양호한 상태의 건조한 신발을 신어야 한다. 습기가 많은 곳에서는 고무 밑창이 있는 신발이나 장화를 착용해야 한다. 작업자는 고인 물 또는 기타 습기 있는 장소에서 작업할 때 보호 장화를

착용해야 한다.

달비계에서 용접 작업을 할 때, 매다는 와이어 로프를 통해 용접 전류의 아크가 발생할 가능성을 줄이려면, 각각의 매다는 와이어 로프를 절연된 씌움 고리를 사용하여 지지대(처마 장식 걸쇠 또는 아우트리거 등)에 부착한다. 여분의 매다는 와이어 로프를 절연하고 추가의 모든 독립된 로프를 접지로부터 절연한다. 호이스트 상부로 최소 1.2m (4ft)를 연장하여 매다는 와이어 로프를 절연재로 씌운다. 호이스트 아래의 줄 꼬리를 절연하여 플랫폼과 접촉하지 않도록 한다. 비계 아래 자유롭게 매달린 줄 꼬리 부분은 손보거나 그대로두어 접지되지 않도록 한다[OSHA 29 CFR 1926.451(f)(17) 참조].

11.4.9.3 장갑. 양호한 상태의 건조한 장갑을 사용하여야 한다.

E11.4.9.3 습기가 차거나 젖은 장갑을 사용하면 감전될 수 있다. 습기나 땀이 문제가 되는 곳에서는 고무장갑이나 기타 절연 수단을 사용해야 한다. 4.3.2 및 E11.2.2도 참조한다.

11.4.9.4 홀더 및 용접총. 용접봉 홀더와 용접총은 절연이 잘 되어 있어야 하며 잘 수리하여 보관해야 한다.

11.4.9.5 침수. 용접봉 홀더와 용접총은 물에 담가 냉각해서는 안 된다.

11.4.9.6 수냉식 홀더. 용접공의 안전에 부정적인 영향을 미칠 수 있는 누수 또는 결로가 존재하는 경우에는 수냉식 홀더와 용접총을 사용해서는 안 된다.

11.4.9.7 용접봉 교체. 피복금속 아크 용접을 제외하고, 용접봉 또는 접촉 팁을 교체할 때는 용접기의 출력을 전기적

으로 차단해야 한다.

11.4.9.8 피해야 할 기타 실무관행. 용접공은 용접봉의 전선을 신체의 일부에 감거나 둘러서는 안 된다. 용접공이 지면보다 높은 곳에서 작업할 때는 감전으로 인한 낙상을 방지하기 위한 예방 조치를 취해야 한다.

11.4.9.9 심박 조율기 착용자. 심박 조율기 또는 생명에 필수적인 기타 전자 장치의 착용자는 생명유지 장치 제조업체 및 해당 의료진에게 위험 요소가 있는지를 확인해야 한다.

E11.4.9.9 용접 환경에서 작업해야 하는 용접공 및 기타 작업자는 장치 설치절차를 진행하기 전에 자신의 의사에게 알려야 한다.

11.5 유지관리

11.5.1 일반사항. 모든 아크용접 장비는 항상 안전한 가동 상태로 유지되어야 한다. 용접공 또는 유지보수 요원은 장비 결함 또는 안전상의 위험을 감독자에게 보고해야 하며, 장비의 안전이 확인될 때까지 이러한 장비의 사용을 중단해야 한다. 수리는 유자격자에 의해서만 이루어져야 한다.

E11.5.1 정기적인 검사가 강력하게 권장된다.

11.5.2 용접 장비. 용접 장비는 불필요한 위험을 피하기 위해 양호한 기계적 및 전기적 상태를 유지해야 한다. 회전하는 전기 장비에서는 과도한 섬광을 방지하기 위해 정류자를 청결하게 유지해야 한다.

11.5.2.1 검사. 용접 장비는 환기 또는 절연을 방해할 수 있는 이물질의 축적을 감지하기 위해 자주 검사해야 한다. 전기 코일 환기 덕트도 마찬가지로 검사하고 청소해야 한다. 엔진 구동식 용접기의 연료 시스템은 부식을 유발할

E11.5.2.1 전기 장비의 먼지는 온도를 높이고 수명을 줄이며 단락을 유발할 수 있다. 적절한 안전 주의 사항에 따라 깨끗하고 건조한 압축 공기로 전체 용접기를 불어내는 것이 좋다.

수 있는 누수 및 물이 축적될 가능성이 있는지를 검사하고 점검해야 한다. 회전하거나 움직이는 부품은 적절하게 보호하고 윤활 상태를 유지해야 한다.

11.5.2.2 야외 용접. 야외에서 사용하는 용접 장비는 악천후로부터 보호되어야 한다. 보호 덮개는 용접기의 과열을 방지하는 데 필요한 통풍을 방해해서는 안 된다.

E11.5.2.2 전기 부품의 환기 시스템에 들어있는 공기 필터는 용접기 제조업체가 제공하거나 승인하지 않는 한 사용해서는 안 된다. 그러한 장비에 사용하도록 지정되지 않은 공기 필터를 사용함으로 인하여 공기 흐름이 감소하면 내부 부품이 과열 상태가 되고 그에 따른 고장이 발생할 수 있다.

11.5.2.3 개조. 소음 수준의 요구 사항을 충족하기 위해 장비를 개조해야 하는 경우에는, 장비에 대한 수정 또는 추가로 인해 장비의 전기적 또는 기계적 정격이 초과되거나 과부하되지 않는지를 확인해야 한다.

E11.5.2.3 개조는 장비 제조업체 또는 자격을 갖춘 서비스 기술자만 수행해야 한다.

11.5.3 젖은 기계. 젖은 기계는 사용하기 전에 완전히 건조하고 적절히 시험해야 한다. 사용하지 않을 때는 기기를 적절히 보호하거나 깨끗하고 건조한 장소에 보관해야 한다.

11.5.4 용접 전선. 용접 전선의 마모 또는 손상 여부를 검사해야 한다. 절연 또는 접속부가 손상된 전선은 원래 전선의 기계적 강도, 절연 품질, 전기 전도율 및 수밀성을 얻기 위해 교체 또는 수리해야 한다. 전선의 접속 길이는 그 목적에 맞게 특별히 의도된 방식에 따라야 한다. 접속 방식은 사용하기에 적합한 절연재를 가지고 있어야 한다.

E11.5.4 접속되지 않은 용접 전선은, 의도하지 않은 전기회로의 완성을 방지하기 위해 적절히 보관해야 한다.

11.5.5 압축가스. 아크용접 작업에서 차폐를 위한 압축가스의 사용은 10장

「산소연료가스 용접 및 절단의 안전」의 해당 규정을 따라야 한다.

12. 저항용접에서의 안전

12.1 일반사항

12.1.1 범위. 이 부문의 범위는『AWS A3.0M/A3.0, *표준 용접용어 및 정의*』라는 제목의 AWS 간행물에 정의된 저항용접 원칙을 사용하는 용접장비로 제한된다. 사용자는 여기서 용접 및 절단 시 일반 안전에 적용할 수 있는 제 I부를 추가로 참조한다.

12.1.2 선택. 모든 저항용접 장비는 의도된 작업에 안전하게 적용할 수 있도록 선택해야 한다. 수행할 작업을 위한 장비를 선택할 때는 저항용접의 작업자 안전 측면을 고려해야 한다.

12.1.3 작업자 교육훈련. 저항용접 장비를 작동하도록 지정된 작업자는 적절한 교육을 받고 해당 장비를 작동할 자격이 있는 것으로 판정되어야 한다.

E12.1.3 미국산업안전보건청(OSHA) 29 CFR 1910.225를 참조한다.

12.2 설치. 모든 장비는『NFPA 79, *산업기계용 전기표준*』,『NFPA 70E, *작업장 내의 전기안전표준®*』및『NFPA 70, *미국전기기준®*』또는 기술의 발전을 기반으로 한 이와 동등한 보호 기준을 준수하여 설치해야 한다. 장비는 기술 감독자의 지시에 따라 유자격자가 설치해야 한다.

E12.2『OSHA 29 CFR 1910 Subpart S, Electrical』을 참조한다.

12.3 방호

12.3.1 제어 시작 장치. 수동 용접총을 포함한 모든 용접장비의 누름단추, 밟는 스위치, 취소 장치 및 듀얼 스케줄 스위치와 같은 제어 시작 장치는 작업자가

부주의하게 활성화하는 것을 방지하도록 배치하거나 보호해야 한다.

12.3.2 고정 장비

12.3.2.1 일반사항. 용접장비와 관련된 모든 체인, 기어, 작동 연동장치 및 벨트는 『ANSI B15.1, *기계적 동력 전달 장치에 대한 안전표준*』에 따라 보호되어야 한다.

12.3.2.2 단일 램 및 단일 포인트 장비. 고정식 단일 램 용접기에서, 공작물의 크기, 형상 또는 공구(예: 지그 또는 고정장치)가 용접기 작업주기 동안 작동 지점에서 멀리 떨어져서 작업자의 양손을 차지하지 않는 한, 다음 중 하나 또는 조합에 의한 방식으로 작동하여 작업자의 부상을 방지해야 한다.

(1) 작업자의 손이 작업 지점 아래로 지나가는 것을 방지하는 기계 보호대 또는 고정장치; (2) 양손 제어장치; (3) 잠금 걸쇠; (4) 존재 감지장치; 또는 (5) 작업자의 손이 작동 지점 아래에 있는 동안 램의 작동을 방지하는 유사한 장치 또는 기구.

12.3.2.3 다중 용접총 장비. 작업자의 손가락이 작업 지점 아래로 통과할 것으로 예상되는 모든 다중 용접총 용접기의 작동은, 존재 감지장치, 잠금 걸쇠, 차단장치, 방호장치 또는 양손 제어장치 등의 여러 장치를 사용하여 효과적으로 보호되어야 한다.

12.3.3 휴대용 장비

12.3.3.1 지지 계통의 안전. 수동 용접총 조립체를 제외한 모든 현수식 수동

용접총 장비는 지지 계통의 부품에 고장이 생겼을 때에 모든 충격하중을 지지할 수 있는 지지 장치를 장착해야 한다. 이러한 지지 계통은 자동안전장치로 설계되어야 한다. 밧줄, 체인, 겸자 등과 같은 기구를 사용할 수 있어야 한다.

12.3.3.2 이동식 홀더. 용접총 프레임으로 들어가는 곳에서는, 이동식 홀더의 구성이 작동하는 이동식 홀더 위에 놓인 손가락이 베이지 않도록 설계되어야 한다. 그렇지 않으면 보호조치를 해야 한다. 적합한 보호조치를 할 수 없는 경우에는, 손잡이의 적절한 지점에 위치한 하나 또는 두 개의 작동 스위치를 가진, 두 개의 손잡이를 양 손에 하나씩 사용할 수 있도록 해야 한다. 이러한 손잡이와 작동 스위치는, 손이 제어 장치 위에 있을 때 손가락이 베이거나 끼이는 곳에 들어갈 가능성을 없애기 위해, 베이거나 끼이는 곳으로부터 충분히 멀리 떨어져 있어야 한다.

12.4 전기

12.4.1 전압. 모든 외부 용접개시 제어회로는 고정 장비에서는 교류 실효전압 120V 이하, 휴대용 장비에서는 교류 실효전압 36V 이하에서 작동해야 한다.

12.4.2 에너지 저장 저항용접기

12.4.2.1 유지관리 및 수리. 에너지가 저장되는 용접기를 수리할 때 유지보수 담당자는 에너지 소산 수단이나 에너지 표시기의 존재에 의존해서는 안 되며 항상 안전한 방법을 사용하여 장비를 수리하기 전에 저장된 에너지가 소산되었는

지 확인해야 한다.

12.4.2.2 에너지 저장 저항용접기, 장비 및 제어. 에너지 저장 저항용접에 사용하는 축전기, 인덕터 및 배터리 등의 장치를 포함한 저항용접 장비 및 제어판은 완전한 외함에 의해 적절한 절연 및 보호를 받아야 하며, 외함의 모든 문에는 제어회로에 연결된 적절한 연동장치와 접속장치를 달아야 한다(엘리베이터 연동장치와 유사하게). 이러한 연동장치 또는 접속장치는 외함의 문이 열려 있을 때 전원을 효과적으로 차단하고 저장된 에너지가 적절하게 소산되거나(인덕터 및 축전기의 경우) 절연(배터리의 경우) 되도록 설계되어야 한다.

모든 축전기의 확실한 방전을 확인하는 추가 안전 조치로서 기계적 연동장치 또는 접속장치 외에 수동 조작 스위치 또는 적합한 확실한 장치가 설치되어야 한다.
에너지 저장 용접기에는 절연검사 지점과 같은 저장된 에너지의 상태를 확인하는 수단이 포함되어야 한다. 저장된 에너지에 대한 적절한 경고표지를 사용해야 한다.
제어판 자체는 외함으로 간주되며 이러한 제어판 상자 안에 들어있는 축전기는 관련 조항의 다른 요구사항이 충족될 때는 별도의 외함이 필요하지 않다.

12.4.3 인버터 기반 용접기

12.4.3.1 유지관리 및 보수. 중주파 직류(MFDC) 저항용접 제어장치 및 고주파 직류(HFDC) 저항용접 제어장치를 정비할 때, 유지보수 담당자는 필터 축전기 소산 수단의 존재에 의존해서는 안 되며, 항상 장비를 정비하기 전에 축전기

가 방전되어 있는지를 확인하는 안전한 방법을 사용해야 한다.

12.4.3.2 인버터 기반의 제어장치. 중주파 직류(MFDC) 저항용접 제어장치 및 고주파 직류(HFDC) 저항용접 제어장치를 통합한 용접기는 위험한 양의 에너지를 저장한 대형 필터 축전기가 포함될 수 있다. 이러한 제어 장치는 『NFPA 79, *산업기계에 대한 전기표준*』의 요구사항을 준수해야 한다. 중주파 직류(MFDC) 및 고주파 직류(HFDC) 제어장치는 절연검사 지점과 같은 필터 축전기의 상태를 확인하는 수단을 포함해야 한다. 이러한 전압의 위험을 알리기 위해 적절한 경고 표지도 사용해야 한다.

12.4.4 잠금장치 및 연동장치

12.4.4.1 문. 제작 현장 바닥에서 접근이 가능한 모든 저항용접기의 문과 액세스 패널 및 제어판은 승인되지 않은 사람이 장비의 전기가 흐르는 부분에 접근하는 것을 방지하기 위해 잠금 상태 또는 상호연동 상태를 유지해야 한다. 문 또는 액세스 패널을 여는데 열쇠, 렌치 또는 기타의 도구가 필요한 경우에는 잠긴 것으로 간주해야 한다.

12.4.4.2 멀리 떨어져 있는 제어판. 머리 위의 플랫폼 또는 별도의 방에 있는 제어판은 잠금, 상호연동 또는 물리적 방호장치 및 표지에 의해 보호되어야 하며 장비를 사용하지 않을 때는 제어판이 닫혀 있어야 한다. 표지는 ANSI Z535 기준에 따라야 한다.

플래시 용접 장비의 경우에는 날아다니는 스파크 및 용융 금속을 막기 위해 적절한 내화재료로 된 불꽃 방호장비를 마련해야 한다.

12.4.5 스파크 방호. 적절한 내화재료로 된 보호 장치를 설치하거나 승인된 개인 보안경을 사용하는 것과 같은 방법으로 스파크가 날 때 발생하는 위험으로부터 보호해야 한다. 저항용접 작업의 다양한 변화에 따라 각각의 설비를 개별적으로 평가해야 한다.

E12.4.5 이러한 방호의 주된 목적은 4장「작업자 및 작업영역의 보호」에서 논의한 작업자 이외의 인원을 보호하는 것이다. 6장「화재 예방 및 소방」에서 설명한 대로 화재를 방지하기 위해 적절한 예방조치를 취해야 한다.

12.4.6 정지 버튼. 다음과 같은 특성을 가진 모든 용접기는 하나 이상의 비상용 안전정지 버튼을 갖추어야 한다.

(1) 한 번의 시퀀스를 완료하는 데 3초 이상 소요되며,
(2) 방호장치가 제거된다면 사람에게 위험할 수 있는 기계적 움직임이 있으며,
(3) 이러한 비상정지 버튼의 설치 및 사용 그 자체로 사람에게 추가적인 위험을 초래하지 않는다.

E12.4.6 여기서 사용된 용어 시퀀스(sequence)는 작동 버튼을 잠근(상호 연동) 후에 해제될 수 있는 시간부터 용접기가 저절로 멈출 때까지 용접기에 필요한 동작과 시간을 의미한다.

12.4.7 접지

E12.4.7 다상 1차 전원, 다른 2차 전압 또는 둘 다가 통합된 시스템에 영구접지를 사용할 경우에는 바람직하지 않은 순환 전류가 고정 장치 또는 공작물을 통해 흐를 수 있다. 이러한 상황에서는 접지리액터(교류 용접기용), 접지저항기(직류 용접기용) 또는 절연접촉기(2차회로 또는 관련 공구와 사람의 상호작용이 없을 때)를 사용할 필요가 있다.

12.4.7.1 저항용접기의 일반적인 접지. 2차 용접변압기는 아래의 (1), (2), (3)의 방법 중 하나로 보호 접지에 접합되거나, 아래 (4)와 같이 대체 보호수단을 갖추어야 한다.

(1) 적절한 크기의 도체를 사용한 용접

기 2차회로의 영구접지.
(2) 적절한 크기의 저항기를 통한 직류 용접기 2차회로의 접합.
(3) 접지 리액터를 2차 권선을 가로질러 리액터 탭으로 접지에 연결.
(4) 대안으로, 정상 작동 시 2차회로 또는 관련 공구와 사람의 상호작용이 없는 용접변압기에서는, 용접 변압기의 1차 회로에 대한 라인 양쪽을 모두 개방할 수 있도록 절연 접촉기를 마련한다. 이 방법을 사용하는 경우에는 테스트 쿠폰 용접과 같은 유지관리 절차 중에 작업자가 과실 전류로부터 보호되도록 적절한 주의를 기울여야 한다.

12.4.7.2 휴대용 트랜스 용접총의 접지. 12.4.7.1의 요구사항에 더하여 120V를 초과하는 1차 전압을 가진 통합형 저항용접 변압기와 일체로 된 수동 용접총은 작업자를 확실하게 보호하기 위한 보충 수단이 필요하다. 이러한 보충 수단에는 최소한 다음 사항이 포함되어야 한다.

(1) 접지사고(ground fault) 발생 시 전원을 차단하는 지락 감지 기능.
(2) 접지 접속의 검증 기능.
(3) 기계적 및 전기적 보충 보호 기능을 제공하는 접지된 차폐 1차전선.
(4) 안전 시스템의 작동을 확인하는 수단.

E12.4.7.2 작업자와 유지관리 담당자는 이 장비의 작동 및 유지보수에 대한 추가 교육이 필요하며 안전 장비가 의도한 대로 작동하는지를 확인하기 위한 정기적인 점검 일정이 있어야 한다.

12.5 정적 안전장치. 작업대와 일체로 된 대형 용접기에서는, 작업대 또는 헤드가 이동할 수 있는 위치에 핀, 차단장치 또는 잠금 걸쇠와 같은 전기적으로 연동된 안전장치를 마련해야 한다. 이 장치는 사용될 경우에 통전 회로를 차단되도록 해야 하며, 장치 자체가 정적 부하에서 작업대 또는 헤드의 이동을 방지할 것이다.

E12.5 이 목적은, 기계 영역이 너무 넓어 유지관리 또는 설정 시 폐쇄 영역에 손보다 더 많은 신체 부분이 들어가야 할 경우에 이러한 장치가 필요하기 때문이다.

용접기의 다양한 크기 또는 접근성에 따라 두 개 이상의 장치가 필요할 수 있지만, 각 장치 단독으로 관련된 전체 정적 부하를 견딜 수 있어야 한다. 또한, 용접과 절단 공정 및 장비와 관련된 일반적인 안전 고려사항에 대해서는 이 지침의 제 1부를 참조한다.

12.6 환기. 환기는 5장에 따라 이루어져야 한다.

12.7 유지관리. 정기검사 및 필요한 수리는 공인된 인원에 의해 이루어져야 한다. 작업자 또는 유지관리 담당자는 장비 결함을 감독자에게 보고해야 한다.

13. 전자빔 용접 및 전자빔 절단 공정 (EBW 및 EBC)

13.1 일반사항. 이 장의 안전한 실무관행에 대한 권장사항은 『AWS C7.1, *전자빔 용접의 권장 실무관행*』에서 발췌한 것이다.

E13.1 이 주제에 대한 완전한 설명을 보려면 AWS C7.1을 참고해야 한다. 또한 용접과 절단 공정 및 장비와 관련된 일반적인 안전에 대한 고려사항은 이 표준의 제 I부를 참고해야 한다.

13.2 잠재적 위험. 전자빔 용접과 관련된 다음의 잠재적 위험에 대해 보호되어야 한다.

(1) 감전(13.2.1)
(2) 가스 및 연기(13.2.2)
(3) X선(13.2.3)
(4) 가시광선(13.2.4)
(5) 진공(13.2.5)

13.2.1 감전. 장비에 적절한 예방 표지를 부착해야 한다. 전자빔 용접 장비의 모든 문과 액세스 패널은 우발적 또는 무단 접근을 방지하기 위해 적절하게 잠

E13.2.1 전자빔 용접기의 일반적인 1차전압은 440볼트이다. 전자빔 용접 공정에서 사용되는 전압은 대부분의 용접 공정에서 사용되는 전압보다 훨씬 높다.

그고 연동해야 한다. 모든 고압 도체는 접지되고 연동되는 전도성 방호벽으로 완전히 둘러싸야 한다. 전자빔 용접총과 고압 전원장치를 사용하기 전에 접지검사를 해야 한다.

이 장비(특히 전원이 공급된 시스템에서)를 사용할 때마다 우발적인 감전에 대비하여 다른 인원이 그 구역 내에 있어야 한다. 1차 입력전압은 전자빔 용접총과 이온화 진공계에 대해 최대 수천 볼트까지 상승된다. 이러한 전압 및 이에 관련된 전류는 치명적이다.

13.2.2 가스 및 흄. 중진공 및 비진공 전자빔 공정에서는 확실한 배기 환기 및 여과 설비를 갖추어야 한다. 고진공 전자빔 용접에서는 용제 및 세척액에서 나오는 증기가 위험 수준에 도달하지 않도록 진공실 내부를 청소할 때 각별히 주의해야 한다.

생소한 재료를 용접하거나 생소한 세척제를 사용할 때는, 사전에 안전보건자료(Safety Data Sheet, SDS)를 읽어 위험이 존재하는지를 판단해야 한다.

E13.2.2 오존, 질소 산화물 및 금속 연기는 전자빔 용접에 의해 발생한다. 유해물질의 취급에 대한 자세한 내용은 3.2.1.2, 적절한 환기 시스템에 대한 자세한 설명은 5장「환기」, 밀폐공간에서의 작업에 대한 내용은 7장「밀폐공간」을 참고한다.

13.2.3 X선. 작업장에서 X선을 제거하거나 허용 수준으로 줄이려면 전자빔 용접 장비의 적절한 차폐가 필요하다. 방사선 차폐에 대한 개조는 장비 제조업체 또는 자격을 갖춘 정비 기술자만이 실시해야 한다. 방사선 측정은 개조가 완료된 후 장비 제조업체 또는 자격을 갖춘 기술자에 의해 실시되어야 한다.

E13.2.3 X선은 전자가 물질(가스 또는 금속 등)과 충돌할 때 생성된다. 생성되는 X선의 강도는 전자빔 전압, 전자빔 전류 및 전자빔에 충돌하는 물질의 원자번호가 증가함에 따라 증가한다. 정기적으로 전자빔 장비를 검사하고 방사선 측정을 실시하여 그 결과를 문서화하고 게시해야 한다. 적절한 보호를 위해서 따라야 하는 일반적인 예방조치 및 측정 절차에 대해서는『ANSI N43.3, *비의료용 X선 및 10MeV (백만전자 볼트)까지의 에너지, 밀폐 감마선의 설치를 위한 일반 안전 표준*』및『AWS C7.1M/C7.1, *전자빔 용접의 권장 실무관행*』과 같은 간행물을 참고해야 한다.

13.2.4 비이온화 방사선. 보기창(viewing port)에 사용되는 납 함유 유리는 자외선 및 적외선에 대한 충분한 광학적 시야 보호를 제공해야 하며 가시광선을 편안한 시야 수준으로 줄이기 위해 적절한 필터를 선택하여 사용해야 한다.

E13.2.4 전자빔 용접 중에 용접부를 직접 바라보는 것은 가시광선, 적외선 및 자외선이 생성되므로 시력에 해로울 수 있다. 또한 4.2.2를 참조한다. 광학 필터의 선택에 대한 지침으로 『ANSI Z87.1, *직업용 및 교육용 안면(눈과 얼굴) 보호장치*』를 참고해야 한다.

13.2.5 진공. 전자빔 용접 공정의 사용자는 진공 시스템 작업에 필요한 예방 조치를 알고 있어야 한다.

E13.2.5 모든 전자빔 용접기는 빔 생성을 위해 고진공을 필요로 한다. 또한 대부분의 용접기는 공작물에 대해 어느 정도의 진공 환경이 필요하다. 사용자는 전자빔 용접의 진공 시스템에서 높은 수준의 소음이 발생할 수 있음을 인지해야 한다. 이에 대한 예방 조치의 자세한 설명은 미국 진공협회(American Vacuum Society)의 간행물 『*진공 위험 지침*』에 나와 있다.

14. 레이저빔 절단 및 용접

14.1 일반사항. 레이저빔 기술을 사용한 절단 및 용접 작업은 이 표준 및 『ANSI Z136.1, *레이저의 안전한 사용*』의 해당 부문을 따라야 한다.

15. 연납땜 및 경납땜의 안전

15.1 일반사항. 이 장에서는 연납땜(Brazing) 및 경납땜(Soldering)에 대한 안전한 실시방법을 다룬다.

E15.1 연납땜 및 경납땜에서 발생하는 위험은 용접 및 절단 공정과 관련된 위험과 유사하다. 용접 및 절단에 대해 실시하는 안전 실무관행은 인명 및 일반 구역의 보호, 환기, 화재 예방과 보호, 밀폐공간과 관련하여 연납땜 및 경납땜에도 동일하게 적용된다 (4장, 5장, 6장 및 7장 참조).

15.2 잠재적인 위험. 연납땜 및 경납땜 작업을 수행할 때에는 다음의 잠재적인 위험에 대해 보호해야 한다.

(1) 가연성 및 부식성 물질(15.2.1 참조)
(2) 화상(15.2.2 참조)
(3) 플럭스 및 용가재(15.2.3 참조)

(4) 가스 및 연기(15.2.4 참조)
(5) 장비 유지보수(15.2.5 참조)

15.2.1 인화성 및 부식성 물질. 작업자는 보관 시 뿐만 아니라 조립 중일 때도 화염 및 열원으로부터 알코올 기반 또는 알코올 함유 플럭스 용액의 용기를 격리해야 한다. 플럭스는 부식성 물질이므로 산성 물질에 대한 규제 관행에 따라 보관, 운송 및 폐기해야 한다. 작업자는 플럭스를 운반, 취급 및 사용하는 동안 적절한 보안경, 안면 보호대 및 보호복을 착용해야 한다. 가연성 및 부식성 물질에 대한 안전보건자료는 이러한 물질을 사용하기 전에 참조해야 한다.

연납땜 용해로의 공기로 자주 사용되는 가연성 가스 (연료가스, 수소 및 해리된 암모니아 포함)를 도입하기 전에 안전한 절차를 사용하여 연납땜 용해로의 공기를 제거해야 한다 (5.5.6 참조).

E15.2.1 구조분야 및 전자분야에 적용하는 수많은 플럭스는 플럭스를 높은 가연성으로 만드는 매개물 또는 희석제로 알코올을 포함하고 있다. 또한 플럭스는 부식성 물질이다.

부식성 수준은 매우 약한 것(예: 순수한 수지)부터 매우 활성인 것(예: 염산, 질산 등의 용액)에 이르기까지 다양하다. 그러나 약한 산이라도 작업자에게 화상을 입힐 수 있다. 일부 용착 방지재(stop-off materials), 시멘트 및 결합제에는 용제가 포함되어 있으며 가연성이다.

15.2.2.1 고온 재료의 표시. 작업자는 고온에 있는 모든 조립품, 공구 및 표면에 적절한 표지를 부착해야 한다 (3.2.3.4 참조).

E15.2.2.1 고온은 특정 품목을 맨손으로 운반할 수 없는 온도이다.

15.2.2.2 딥 브레이징(dip brazing). 딥 브레이징 시 소금물에 담그는 조립품 및 고정구는 완전히 건조되어야 한다.

E15.2.2.2 조립품 또는 고정구에 습기가 있으면 순간적인 증기가 발생하여 심각한 화상 위험을 일으킬 수 있는 폭발적인 힘으로 담금 용기의 내용물을 방출할 수 있다.

15.2.2.3 알루미늄. 작업자는 알루미늄을 취급할 때 매우 뜨거운 조립품으로 인한 심각한 화상을 방지하기 위해 예방 조치를 취해야 한다.

E15.2.2.3 알루미늄은 매우 뜨거울 때도, 강재가 변하는 것처럼 색상이 변하지 않으므로, 뜨거운 알루미늄은 겉보기와는 다르다.

15.2.2.4 수소. 작업자는 수소를 연료 가스로 사용할 때 사람에게 화상을

E15.2.2.4 연소하는 수소의 불꽃은 거의 보이지 않는다.

입히지 않도록 주의해야 한다.

15.2.3 플럭스와 용가재. 작업자는 연납땜 용가재, 땜납 합금 및 플럭스를 취급하는 작업 영역에서 모든 식품(커피, 청량음료 및 기타 음료 포함)을 제거해야 한다. 용가재, 땜납, 플럭스 또는 모재를 다룰 때 손, 얼굴, 코 또는 입 사이의 우연한 접촉을 피해야 한다. 가능하면 장갑을 착용해야 한다. 연납땜 플럭스 및 용가재에 대한 안전보건자료(SDS)는 이러한 물질을 사용하기 전에 참고해야 한다.

E15.2.3 땜납은 일반적으로 인간에게 유독한 중금속 (안티몬, 납, 은 등)을 포함하고 있다. 장기간에 걸쳐 소량의 이러한 금속을 섭취하면 만성합병증을 일으킬 수 있다.

15.2.4 가스 및 흄. 작업자는 연납땜 및 경납땜 진행 중에 적절한 환기설비를 사용해야 한다 (5장 참조). 비진공식 용해로는 조립품을 꺼내기 전에 연납땜 또는 경납땜 공정에 이어서 유해한 연기를 제거하기 위해 청소해야 한다.

E15.2.4 용가재의 일부 성분에 기화를 유발하는 고온을 사용할 수 있다. 안티몬, 베릴륨, 카드뮴, 납 또는 수은 등의 성분은 독성 물질이다. 아연 연기는 금속연기 발열의 원인이 될 수 있다. 일부 용가재에는 니켈 및 크롬과 같은 발암 의심 물질이 포함되어 있다. 이들은 고온에서 산화되어 유해한 연기를 생성할 수 있다. 불소 또는 염소 화합물이 포함된 플럭스는 흡입하거나 피부에 닿으면 유해하다. 플럭스와 용가재에 열을 가하면 유독 가스와 연기가 발생할 수 있다. 용착방지재(stop-off materials)는 일반적으로 미세 세라믹이며 분진 미립물질로 간주해야 한다.

15.2.5 장비의 유지관리

15.2.5.1 청소. 수돗물을 포함한 모든 용매로 조립품들을 청소할 때 작업자는 눈, 얼굴 및 신체에 적절한 보호구를 착용해야 한다. 세척제에서 발생하는 산성 또는 부식성 잔류물과 접합부 및 모재에서 떨어져 나온 금속의 섭취로 인한 부상을 방지하기 위해 장갑을 착용해야

E15.2.5.1 조립품을 청소할 때 보호가 특히 중요하다. 용매는 무해할 수 있지만 (예: 수돗물) 플럭스 잔류물로 빠르게 오염되어 시력을 손상하거나 피부 화상을 입을 수 있는 부식성 또는 산성 용액을 형성한다. 이러한 위험은 조립품에서 액체 세척제를 제거하기 위해 고압

한다.
작업자는 환경 규정 및 회사의 절차에 따라 모든 세척액을 폐기해야 한다.

15.2.5.2 축적된 마그네슘 제거. 연납땜 용해로에 축적된 마그네슘은 주기적으로 제거해야 한다. 긁어내기 (scraping) 작업 중에 축적된 마그네슘 및 산화마그네슘 분진의 흡입을 방지하기 위해 적절한 환기 또는 방독면과 함께 보호복 (즉, 내화 재킷, 바지 및 장갑)을 사용해야 한다 (5.4 참조).

용해로의 벽 및 내부 부품에서 마그네슘과 산화마그네슘을 긁어내는 작업은 스파크를 일으키지 않는 공구를 사용해야 한다. 우발적인 스파크에 의한 마그네슘 발화를 방지하기 위해 정기적으로 축적된 파편을 금속 상자에 넣어 용광로 영역에서 제거해야 한다.

용해로 주변은 항상 청결하게 유지해야 한다. 발생 가능한 마그네슘 화재를 진압하기 위해 여러 통의 모래와 적절한 소화기를 사용할 수 있도록 해야 한다. 어떠한 경우에도 마그네슘 화재를 진압하는 데에 물을 사용해서는 아니 된다. 이 제거 절차의 어느 순간에도 어느 한 사람이 혼자서 작업을 해서는 안된다. 돌발적인 화재에 대비하여 또 다른 사람이 항상 가까운 곳에 있어야 한다.

가스(예: 압축공기 또는 질소)를 사용하는 세척 단계의 건조 과정 동안에 특히 많이 발생한다.

E15.2.5.2 알루미늄 연납땜이 용이하도록, 인화성이 높은 금속인 마그네슘을 연납땜 용가재에 첨가한다.

부록 A (정보 제공용)

미국용접학회 안전보건 표준목록

이 부록은 이 기준의 일부가 아니지만 정보 제공의 목적으로 포함되었다.

A3.0M/A3.0	*Standard Welding Terms and Definitions, Including Terms for Adhesive Bonding, Brazing, Soldering, Thermal Cutting, and Thermal Spraying*
C7.1M/C7.1	*Recommended Practices for Electron Beam Welding*
F1.1	*Method for Sampling Airborne Particulates Generated by Welding and Allied Processes*
F1.2	*Laboratory Method for Measuring Fume Generation Rates and Total Fume Emission of Welding and Allied Processes*
F1.3	*Evaluating Contaminants in the Welding Environment: A Sampling Strategy Guide*
F1.5	*Methods for Sampling and Analyzing Gases from Welding and Allied Processes*
F1.6	*Guide for Estimating Welding Emissions for EPA and Ventilation Permit Reporting*
F2.2	*Lens Shade Selector*
F2.3	*Specification for Use and Performance of Transparent Welding Curtains and Screens*
F3.2	*Ventilation Guide for Weld Fume*
F4.1	*Safe Practices for the Preparation of Containers and Piping for Welding and Cutting*
F4.2	*Safety Guidelines for Proper Selection of Welding Cables*

이 페이지는 공란임.

부록 B (정보 제공용)

기타 자료 목록

이 부록은 이 기준의 일부가 아니지만 정보 제공의 목적으로 포함되었다.

다음의 규정, 기준, 사양, 팸플릿 및 책자에는 이 기준의 요구사항을 충족하는 데 도움이 될 수 있는 정보가 포함되어 있다. 이러한 출판물의 구입 가능성과 비용에 대한 문의는 부록 C에 있는 발행처에 직접 문의해야 한다.

ACGIH	*Threshold Limit Values (TLVs®) for Chemical Substances and Physical Agents in the Workroom Environment*	
	Industrial Ventilation Manual	
AGA	*Purging Principles and Practices*	
ANSI	A13.1	*Scheme for the Identification of Piping Systems*
	B11.1	*Safety Requirements for Construction, Care and Use of Mechanical Power Presses*
	B15.1	*Safety Standard for Mechanical Power Transmission Apparatus (with ASME)*
	B31.1	*Power Piping (with ASME)*
	Z535.4	*Standard for Product Safety Signs and Labels*
ANSI/IEC	60974-1	*Arc Welding Equipment – Part 1: Welding Power Sources*
API	1104	*Welding of Pipelines and Related Facilities*
	PUBL 2009	*Safe Welding, Cutting, and Other Hot Work Practices in the Petroleum and Petrochemical Industries*
	PUBL 2013	*Cleaning Mobile Tanks in Flammable or Combustible Liquid Service*
	STD 2015	*Safe Entry and Cleaning of Petroleum Storage Tanks*
	PUBL 2201	*Safe Hot Tapping Practices in the Petroleum and Petrochemical Industries*
ARPM	IP-7	*Specification for Rubber Welding Hose*
AVS		*Vacuum Hazards Manual*
CGA	C-7	*Guide to Preparation of Precautionary Labeling and Marking of Compressed Gas Containers*
	E-1	*Standard Connections for Regulator Outlets, Torches, and Fitted Hoses for Welding and Cutting*
	E-2	*Hose Line Check Valve Standards for Welding and Cutting*
	G-7.1	*Commodity Specification for Air*
	P-1	*Safe Handling of Compressed Gases in Containers*
	V-1	*Standard for Compressed Gas Cylinder Valve Outlet and Inlet Connections*
ISEA	Z87.1	*Occupational and Educational Personal Eye and Face Protection Devices*

	Z89.1	*Industrial Head Protection*
NEMA	EW1	*Electric Arc Welding Power Sources*
	EW4	*Graphic Symbols for Arc Welding and Cutting Apparatus*
	EW6	*Guidelines for Precautionary Labeling for Arc Welding and Cutting Products*
NFPA	50	*Standard for Bulk Oxygen Systems at Consumer Sites*
	51	*Standard for the Design of Oxygen-Fuel Gas Systems for Welding, Cutting, and Allied Processes*
	51B	*Standard for Fire Prevention During Welding, Cutting, and Other Hot Work*
	70	*National Electrical Code®*
	70E	*Standard for Electrical Safety in the Workplace®*
	79	*Electrical Standard for Industrial Machinery*
	306	*Standard for Control of Gas Hazards on Vessels*
	326	*Standard for the Safeguarding of Tanks and Containers for Entry, Cleaning, or Repair*
	701	*Standard Methods of Fire Tests for Flame Propagation of Textiles and Films*
NIOSH	78–138	*Safety and Health in Arc Welding and Gas Welding and Cutting Certified Equipment List*
NSC		*Accident Prevention Manual Fundamentals of Industrial Hygiene*
OSHA		*Occupational Safety and Health Standards for General Industry (29 CFR Part 1910, Subpart Q)*
		Occupational Safety and Health Standards for General Industry (29 CFR Part 1910.134
		Occupational Safety and Health Standards for General Industry (29 CFR Part 1910.146
		Occupational Safety and Health Standards for Construction (29 CFR Part 1926, Subpart J)
UL	252	*Standard for Compressed Gas Regulators*
	551	*Standard for Transformer-Type Arc Welding Machines*

부록 C (정보 제공용)

발행처 목록

이 부록은 이 기준의 일부가 아니지만 정보 제공의 목적으로 포함시켰다.

ACGIH: *American Conference of Governmental Industrial Hygienists, 1330 Kemper Meadow Drive, Cincinnati, OH 45240 (telephone: 513-742-2020; website: www.acgih.org)*

AGA: *American Gas Association, 400 N. Capitol Street, NW, Suite 450, Washington, DC 20001 (telephone:202-824-7000; website: www.aga.org)*

ANSI: *American National Standards Institute, 25 West 42nd Street, 4th Floor, New York, NY 10036 (telephone:212-642-4980; website: www.ansi.org)*

API: *American Petroleum Institute, 200 Massachusetts Avenue NW, Suite 1100, Washington, DC 20001(telephone: 202-682-8000; website: www.api.org)*

ARPM: *Association for Rubber Products Manufacturers, 7321 Shadeland Station Way, Suite 285, Indianapolis, IN 46256 (telephone 317-863-4072; website: www.arpminc.com)*

ASME: *ASME International, 2 Park Avenue, New York, NY 10016 (telephone: 800-843-2763; website: www. asme. org)*

ASTM: *ASTM International, 100 Bar Harbor Drive, PO Box C700, West Conshohocken, PA 19428-2559 (telephone: 610-832-9500; website: www.astm.org)*

AVS: *American Vacuum Society, 125 Maiden Lane, Suite 15B, 15th Floor, New York, NY 10038 (telephone: 212-248-0200; website: www.avs.org)*

AWS: *American Welding Society, 8669 NW 36 Street, # 130, Miami, FL 33166 (telephone: 800-443-9353; website: www.aws.org)*

CGA: *Compressed Gas Association, 14501 George Carter Way, Chantilly, VA 20151 (telephone: 703-788-2700; website: www.cganet.com)*

ISEA: *International Safety Equipment Association, 1901 N. Moore Street, Suite 808, Arlington, VA 22203 (telephone: 703-525-1695; website: www.safetyequipment.org)*

MSHA: *Mine Safety and Health Administration, 201 12th Street S, Suite 401, Arlington, VA 22202(telephone: 202-693-9400; website: www.msha.gov)*

NEMA: *National Electrical Manufacturers Association, 1300 North 17th Street, Suite 900, Arlington, VA 22209(telephone: 703-841-3200; website: www.nema.org)*

NFPA: *National Fire Protection Association, One Batterymarch Park, Quincy, MA 02169—7471 (telephone: 800-344-3555; website: www.nfpa.org)*

NIOSH: *National Institute for Occupational Safety and Health, 4676 Columbia Parkway, Cincinnati, OH 45226 (telephone: 800-356-4674; website: www.ede.gov/niosh/homepage.html)*

NSC: *National Safety Council, 1121 Spring Lake Drive, Itasca, IL 60143-3201 (telephone: 800-621-7615; website: www.nsc.org)*

OSHA: *Occupational Safety and Health Administration, 200 Constitution Avenue NW, Washington, DC 20210 (telephone: 800-321-6742; website: www.osha.gov)*

RWMA: *Resistance Welding Manufacturing Alliance, 8669 NW 36 Street, # 130, Miami, FL 33166 (telephone: 800-443-9353; website: http://www.aws.org/rwma)*

UL: *Underwriters Laboratories, Incorporated, 333 Pfingsten Road, Northbrook, IL 60062 (telephone: 847-272-8800; website: www.ul.com)*

US: *U.S. Government Printing Office, 732 North Capitol Street NW, Washington, DC 20401 (telephone: 202-512-0000; website: www.gpo.gov)*

부록 D (정보 제공용)

용접 및 접합 공정의 마스터차트 및 연관 공정의 마스터차트
(『AWS A3.0M/A3.0:2020, 표준 용접용어 및 정의』에서 가져옴)

이 부록은 이 기준의 일부가 아니지만 정보 제공의 목적으로 포함되었다.

용접 및 접합 공정의 마스터차트

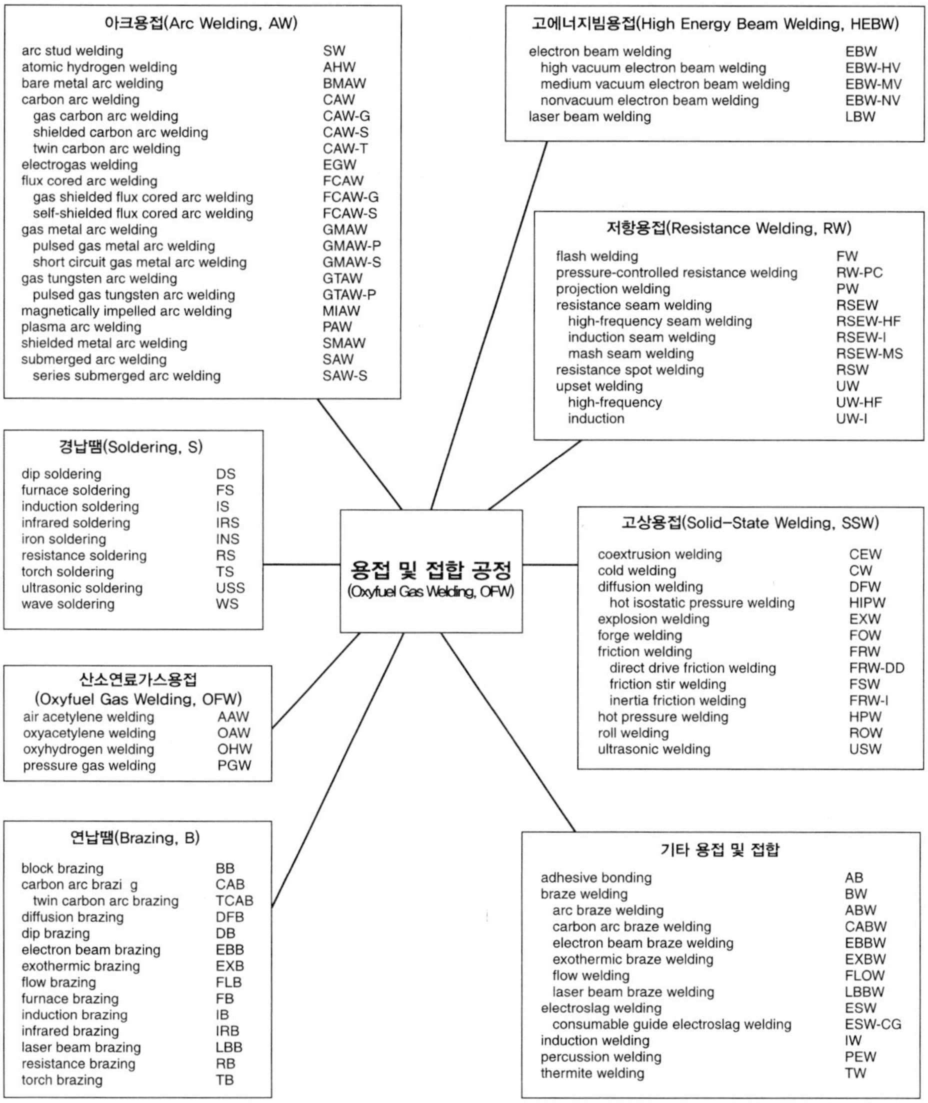

용접 공정의 마스터차트

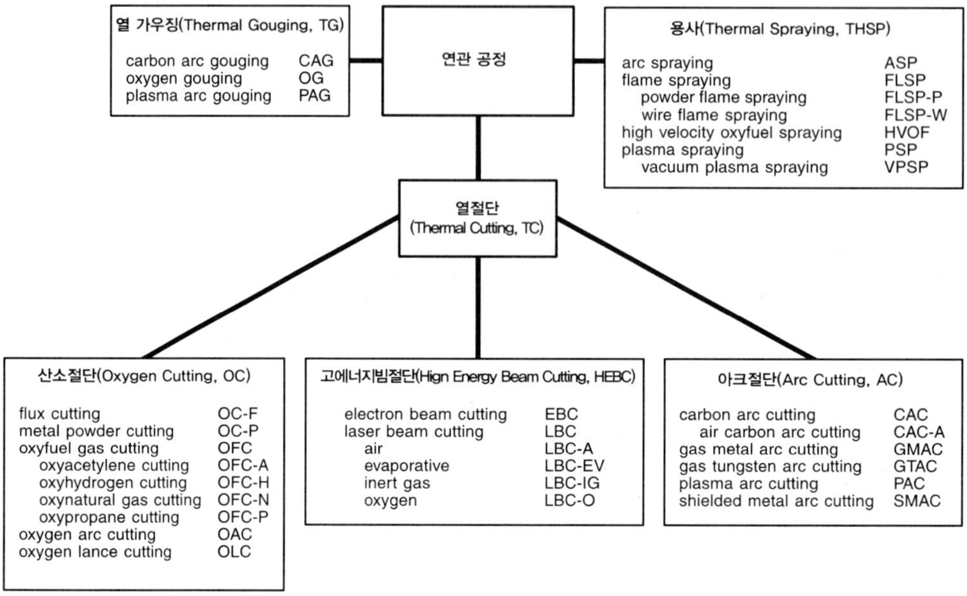
열 가우징(Thermal Gouging, TG)
carbon arc gouging CAG
oxygen gouging OG
plasma arc gouging PAG
연관 공정
용사(Thermal Spraying, THSP)
arc spraying ASP
flame spraying FLSP
powder flame spraying FLSP-P
wire flame spraying FLSP-W
high velocity oxyfuel spraying HVOF
plasma spraying PSP
vacuum plasma spraying VPSP
열절단
(Thermal Cutting, TC)
산소절단(Oxygen Cutting, OC)
flux cutting OC-F
metal powder cutting OC-P
oxyfuel gas cutting OFC
oxyacetylene cutting OFC-A
oxyhydrogen cutting OFC-H
oxynatural gas cutting OFC-N
oxypropane cutting OFC-P
oxygen arc cutting OAC
oxygen lance cutting OLC
고에너지빔절단(Hign Energy Beam Cutting, HEBC)
electron beam cutting EBC
laser beam cutting LBC
air LBC-A
evaporative LBC-EV
inert gas LBC-IG
oxygen LBC-O
아크절단(Arc Cutting, AC)
carbon arc cutting CAC
air carbon arc cutting CAC-A
gas metal arc cutting GMAC
gas tungsten arc cutting GTAC
plasma arc cutting PAC
shielded metal arc cutting SMAC

부록 E (정보 제공용)

ASC Z49에 유권해석 요청

이 부록은 이 기준의 일부가 아니지만 정보 제공의 목적으로 포함되었다.

E1. 개요

다음 절차는 기준 사용자가 AWS 기준에 대한 유권해석을 성공적으로 요청하는 데 도움이 된다. AWS 직원 또는 위원회 구성원에게 이러한 규칙을 따르지 않고 제출된 일반 대중의 요청은 답변 없이 보낸 사람에게 반려될 수 있다. AWS는 특정 요청에 대한 답변을 거부할 권리가 있다. AWS가 요청을 거부하는 경우에는 개인에게 요청이 거부된 이유를 알려줄 것이다.

E2. 제한사항

해석에 관한 ASC Z49의 활동은 위원회가 작성한 기준 조항의 해석으로 엄격히 제한된다. AWS 직원과 위원회는 (1) 특정 엔지니어링 문제, (2) 기준의 범위를 벗어난 제작에 적용되는 요구사항 또는 (3) 기준에 특별히 포함되지 않은 사항에 대한 해석 또는 컨설팅 서비스를 제공할 수 있는 위치에 있지 않다. 이 경우, 질의자는 특정 관심 분야에 경험이 있는 유능한 엔지니어의 도움을 받아야 한다.

E3. 모든 요청에 대한 일반절차

E3.1 제출. 모든 요청은 "AWS Managing Director, AWS Standards Development"에게 전달되어야 한다. 효율적인 처리를 위해 모든 요청은 이메일로 standards@aws.org에 제출하는 것이 바람직하다. 그렇지 않으면, 다음 주소로 우편으로 요청할 수도 있다.

Managing Director
Standards Development
American Welding Society
8669 NW 36 St, # 130
Miami, FL 33166

E3.2 연락처 정보. 모든 질의에는 질의자의 이름, 주소, 이메일, 전화번호 및 고용주가 포함되어야 한다.

E3.3 범위. 질의의 주제가 두 개 이상의 상호 관련된 조항을 포함하지 않는 한, 각 질의는 기준의 단일 조항을 다루어야 한다. 그 조항(들)은 질의자가 다루고 있는 조항(들)이 들어있는 기준의 판(예를 들면, Z49.1: 2012)과 함께 요청 범위에서 확인되어야 한다.

E3.4 질문. 모든 요청은 '예' 또는 '아니오'로 답할 수 있는 질의 형식으로 명시되어야 한다. 요청은 간결하지만 위원회가 해당 문제의 요점을 이해할 수 있을 만큼 충분히 완전해야 한다. 요점이 명확하게 정의되지 않은 경우에는 이를 명확히 하기 위해 요청이 반려된다. 스케치는 적절할 때마다 사용해야 하며, 질의의 주제와 관련된 모든 단락, 그림 및 표(또는 부록)를 인용해야 한다.

E3.5 제안된 답변. 질의자는 자신의 질의에 대한 답변을 제안하여 제출해야 한다.

E3.6 배경. 주제에 대한 추가의 정보를 제출할 수 있지만 반드시 필요한 것은 아니다. 위의 질의 및 제안된 답변은 추가의 배경 정보가 필요하지 않은 독립적인 것이어야 한다.

E4. 유권해석에 대한 AWS의 정책

미국용접학회(American Welding Society, AWS) 이사회는 기준에 대한 모든 유권해석을 공식적인 방식으로 처리하는 정책을 채택했다. 이 정책에 따라 모든 유권해석은 그 기준을 담당하는 기술위원회의 승인을 받는다. 유권해석에 관한 의사소통은 해당 기술 위원회에서 일하는 AWS 직원을 통해 이루어진다. 이 정책에 따라 유권해석에 대한 모든 요청은 서면으로 제출하여야 한다. 이러한 요청은 가능한 한 신속하게 처리되지만, 반드시 따라야 하는 절차 때문에 일부 유권해석 요청은 완료하는 데 상당한 시간이 걸릴 수 있다.

E5. 요청에 대한 AWS의 응답

위원회의 승인을 받은 해석은 협회의 유권해석이며, AWS는 답변을 질의자에게 전달하고 Welding Journal에 게재하며 AWS 웹사이트에 게시한다.

E6. 전화문의

AWS 기준과 관련하여 AWS 본사에 전화로 문의하는 것은 일반적인 유형의 질문이나 기준 사용과 직접 관련된 문제로 제한되어야 한다. AWS 이사회의 정책 매뉴얼은 모든 AWS 기준의 유권해석에 대한 전화 요청에 대해 모든 AWS 직원은 서면 요청을 통해서만 그러한 해석을 얻을 수 있다는 정보와 함께 응답할 것을 요구한다. 본사 직원은 컨설팅 서비스를 제공할 수 없다. 그러나 직원은 AWS 본사에 이름이 등록되어 있는 컨설턴트를 질의자에게 추천할 수는 있다.

부록 F (정보 제공용)

예방정보의 간략한 역사

이 부록은 이 기준의 일부가 아니지만 정보 제공의 목적으로 포함되었다.

미국용접협회(American Welding Society, AWS)와 미국전기제조업체협회(National Electrical Manufacturer Association, NEMA)의 공동 노력에 의해 현재 형식인 9장 「예방적 정보」가 개발되었다. 1970년대에 이러한 조직의 일부 구성원은 1967년판 ANSI Z49.1의 8장 「용접 및 절단의 안전」에 있는 주의표지가 추가의 예방조치로 보완되면 유익할 것이라고 결정했다.

1967년의 주의표지는 건강에 유해한 연기와 가스만을 다루었다. 감전, 아크 광선 및 소음과 같은 기타 위험이 우려되었다. 독립적으로 AWS와 NEMA 위원회는 추가의 주의표지 정보를 개발하기 시작했다. 두 조직의 구성원은 각 위원회의 작업을 서로에게 알렸다. 그 결과 주의표지에 관한 AWS/NEMA 공동 위원회(ANJCOPL)를 구성하기로 결정했다. 위원회 위원들의 수년간의 작업 끝에 합의에 도달했다. 새로운 형식은 『ANSI Z49.1, *용접 및 절단의 안전*』의 1983년 판의 9장에 포함시키기 위해 ANSI(American National Standards Institute)에 제출되었다.

처음으로 예방정보는 어휘제어로 작성되었다. 가독성 수준은 포그지수(FOG INDEX) 및 이해도 수준(UNDERSTANDABILITY LEVEL) 기법을 사용하여 주의표지 정보의 각 부분에 할당되었다. 주의표지의 본문은 다음과 같이 고안되었다.

4등급 이해도:

경고:

자신과 다른 사람을 보호하십시오. 이 정보를 읽고 이해하십시오.
연기와 가스는 당신의 건강에 해로울 수 있습니다.
아크 광선은 눈을 다치게 하고 피부를 태울 수 있습니다.
감전으로 사망할 수 있습니다.
그런 다음 6등급 이해도(가끔 8등급 단어 포함):

- 사용하기 전에 제조업체의 지침, 안전보건자료(SDS), 모든 표지 정보 및 고용주의 안전 관행을 읽고 이해하십시오.

• 머리를 흄(용접매연)에 가까이 하지 마십시오.

호흡 구역과 일반 구역으로 연기와 가스가 들어오지 않도록 충분한 환기, 아크 배기 또는 둘 다를 사용하십시오. 연기와 가스에 대한 노출이 노출 한계 이상이면 호흡보호 장비를 사용하십시오.

연기와 가스에 대한 노출이 노출 한계 이상이면 호흡보호 장비를 사용하십시오.

눈, 귀 및 신체에 올바른 보호장비를 착용하십시오.

전류가 흐르는 전기 부품을 만지지 마십시오.

미국용접학회, 8669 NW 36 St, # 130, Miami, FL 33166 에서 발행한 미국국가표준 『Z49.1, 용접, 절단 및 연관 공정들의 안전』 및 미국정부인쇄국에서 구할 수 있는 미국산업안전보건청(OSHA)의 안전 및 보건기준을 참조하십시오.

이 정보를 제거하지 마십시오.

그림 1. 아크 용접의 공정 및 장비에 대한 예방정보

이 새로운 예방정보 조항은 ASC Z49 위원회에서 성공적으로 채택되었다. 이 새로운 주의표지 개념은 말 그대로 참여하는 ANSI 조직의 수백만 구성원의 집단적인 승인을 받았다. 향후 주의표지 본문의 변경을 고려하는 경우에는 해당 주의표지 본문의 이해도 수준을 유지해야 한다.

참고: 이 판의 변경 사항은 이해도 수준을 유지해야 한다.

번역집필 / 검토위원		
번역집필	책임자	**최선규** 선영구조기술사 건축사 사무소 대표
	간 사	**최인락** 호서대학교 교수
	위 원	**이철호** 서울대학교 교수 최준식 (주) 단이엔씨 대표
검토위원	위 원	**경갑수** 한국해양대학교 교수 고창우 (사)한국건축구조기술사회 회장 김희선 대한전문건설협회 강구조물공사업협의회 회장 신경재 경북대학교 교수 최동호 (사)한국강구조학회 회장

용접, 절단 및 연관 공정에서의 안전 **정가 20,000원**

역자 : (사)한국강구조학회

발행인 : 임해진
발행처 : 도서출판 구미서관

인쇄 : 2022년 05월 22일
발행 : 2022년 05월 27일

등록 : 1979년 6월 29일 No.9-6호
주소 : 서울시 마포구 신촌로 2길 5-15 구미빌딩
전화 : 02-333-1101
팩스 : 02-335-2201
http://www.goomibook.com
ISBN : 979-11-6257-070-8 (93540)